JN198406

ゲノム法

吉田和央
Kazuo Yoshida

商事法務

はしがき

　「ゲノム（genome）」とは、遺伝子（gene）と染色体（chromosome）から作られた造語であり、細胞内の染色体や DNA、遺伝子も含めた個体が持つ全ての情報を意味する。ゲノム関連技術は、AI とならんで人類の未来に甚大な影響を及ぼす可能性のある技術として近時の進展著しく、ニュース報道等でも「ゲノム」という言葉を目にする機会が多くなってきた。現在は「ゲノムを知る」というフェーズから「ゲノムを変える」というフェーズに移行しつつある。

　「ゲノムを知る」という点では、かつてヒトゲノムの初めての解析には、15 年の歳月と 30 億ドルの費用がかけられたが、現在では解析技術が飛躍的に向上し、誰でも、十数万円の費用をかければ、1 か月〜 2 か月で自分自身の全ゲノム解析を受けることができる。

　「ゲノムを知る」ことは医療に革命を起こした。例えば、患者のがん細胞のゲノムを調べることでがんの性質に応じた薬の使い分けができるようになったり、患者のゲノムを調べることで副作用の小さい薬を選択するといった患者ごとのゲノムの特性に応じた医療（個別化医療）の実現が可能となってきたのである。予防医療という観点では、2013 年に米国の人気女優が、乳がんや卵巣がんのリスクを大いに高めるとされる BRCA 遺伝子の変異が見つかったため、まだ乳がんを発症していない乳房について予防的な切除手術を行ったことが話題となった。医療以外の分野でも、疾病のかかりやすさを明らかにし、疾病の予防や生活習慣の改善につなげることができる遺伝子検査サービスが普及している。

　「ゲノムを変える」という点では、2012 年に開発され、2020 年にノーベル化学賞を受賞したゲノム編集技術（CRISPR/Cas 9）が重要である。ゲノムを自在に改変できるこの技術をヒトに適用すれば、遺伝子疾患などの疾病の原因となるゲノムに直接手を施す遺伝子治療の進展が期待できる。また、農水産物に適用すれば、品種改良を効率的に行うことができ、ひいては食料問題の解決に資するのではないかとの期待もある。実

際に国内では、ゲノム編集技術により、GABA（血圧上昇を抑制する効果のあるアミノ酸の一種）含有量を高めたトマト、可食部増量マダイ、高成長トラフグ・ヒラメ、芽に毒性のないジャガイモといった画期的な農水産物の開発が相次いでおり、既に販売が開始されているものもある。最近では、日本でもゲノム編集技術によりヒトへの臓器移植を想定した特別なブタが誕生したとの報道もあった。

　一方で、ゲノムの取扱いには、法的・倫理的問題が常に伴う。生命の設計図とも呼ばれるゲノム情報は、ヒトの場合は特に慎重な取扱いが求められ、その利用形態によっては差別につながるおそれが指摘されている。

　例えば、生命保険会社が保険加入の申込者に対してゲノム情報の告知を求め、そこから分かる疾病罹患リスクの程度に応じて保険引受けの可否や保険料を決定することは許されるか。雇用主が被用者にゲノム情報の告知を求め、そこから分かる性格や能力に基づき採否の決定や労務管理を行う場合はどうか。

　ゲノムの人為的改変は、神の領域に近づくものとして、さらに深刻である。子孫への影響を含む倫理的問題を伴い、とりわけヒト受精胚に適用する場合には、親が望む容姿や体力・知能を持った「デザイナーベビー」が作出されたり、かつてナチスが人種差別の基礎とした「優生思想」（遺伝子を改良する事で人類の進歩を促すこと）が今日的に表出する懸念が生じるためである。映画「ガタカ」（Columbia Pictures、1997 年）では、遺伝子操作で生まれた「適正者」だけが優遇される社会において、自然出産で生まれた主人公が遺伝子が劣っているという理由だけで差別される世界が描かれているが、これを単なるサイエンス・フィクションといい切れない時代が来るかもしれない。また、ヒトではない農水産物であれば、自由にゲノム改変が許されるというわけではなく、生物の多様性を含む環境への影響や食品の安全性など様々な観点から問題が生じる。

　こうしたゲノムに関する法的・倫理的問題は未だ議論の途上であり、

黎明期にある。そもそも我が国では、「ゲノム法」という法分野は未だ確立されていない。

　筆者がこの分野に興味を持ったのは、2014年に米国留学先のロースクールで Paul S. Appelbaum 教授の「Genetics」（遺伝学）に関する法・倫理を取り扱うセミナーを履修したことがきっかけである。筆者は当初、保険と遺伝子検査の関係を研究する目的であったが、米国では「Genetics」についてその頃から既に一つの法分野が確立され、プライバシー・遺伝子差別・知的財産権など様々な角度から法的・倫理課題が議論されていることを知り、次第にこの法分野全体に興味関心を抱くようになった。

　本書は、米国でのアプローチを参考にしつつ、我が国のゲノムに関する法規制や議論の状況を体系的に整理・解説するものである。ゲノムに関する新規事業の検討や研究を行う読者層を対象とした「ゲノム法」の入門書として、法規制の大枠をわかりやすく示すとともに、必要な場合にはより掘り下げて実務的な検討が進められるよう、可能な限り官公庁の報告書その他の公表資料、関連文献等を引用し、最新の議論の状況や立法の動きを紹介している。また、規制等の理解の前提となる部分については技術的な説明も行う。

　本書の流れとしては、まず**第１編**の総論にて、染色体・DNA・遺伝子等のゲノムの基本構造、ゲノム編集等の改変技術といった、法規制を理解するうえで最低限必要となる基礎科学について簡潔に説明する。そのうえで、「ヒトゲノム」に関する法規制と「ヒト以外の生物のゲノム」に関する法規制に分けて解説する。

　第２編の「ヒトゲノム」の取扱いは倫理的な問題を常に伴うことから、まず**第１章**において、基本原則・倫理的課題を明らかにする。そのうえで、**第２章**でゲノム医療、**第３章**で消費者向け（DTC）遺伝子検査、**第４章**でDNA鑑定といった、事業ごとに適用される法規制を概観する。具体的には、個人情報保護法、医師法、薬機法、再生医療等安全確保法といった個別法におけるゲノムの取扱いに加えて、我が国初のゲノ

ムに焦点を当てた法律として2023年に成立したゲノム医療推進法が含まれる。**第5章**では、遺伝情報の取扱いに当たり社会的に特に問題となる不当な差別その他の不利益の防止の問題を取り上げる。最後に**第6章**において、ゲノムに係る知的財産の保護制度として、遺伝子特許の取得要件等について解説する。

　第3編の「ヒト以外の生物のゲノム」に関しては、**第1章**において、ゲノム改変された農水産物について、カルタヘナ法、食品衛生法、食品表示法といった法律がいかなる場合に適用されるのか、特に近時注目を集めているゲノム編集技術により生み出された農水産物の取扱いを明らかにする。**第2章**では、新品種・遺伝資源の保護制度として、植物に適用される種苗法、和牛遺伝資源の保護を目的として2020年に立法された和牛遺伝資源関連2法などについて解説する。

　本書は、ゲノム医療、遺伝子検査ビジネス、DNA鑑定、農水産物の品種改良といった様々なゲノム領域に携わり、または新規ビジネスの開発を検討されている事業者・実務家、医療関係者、それをサポートする弁護士・コンサルタント、研究者・学生等にお役立ていただけるものと考えている。

　加えて願わくば、それ以外の皆様にも幅広く本書を手に取っていただけると嬉しい。人類の未来に甚大な影響を及ぼす可能性のあるゲノム関連技術について、その法的・倫理的課題への解を導くためには、最終的には国民的議論が不可欠と考えるためである。まずは**第1編**の総論をお読みいただくだけでも、ゲノム関連技術をめぐる動向や問題の所在をご理解いただけると思う。また、本書は実務的な検討に資するように比較的詳細な記述を行っているが、各編・各章の冒頭には「Point」としてサマリーを記載している。この「Point」を通じて大枠を掴んでいただき、より興味・関心を引く分野が現れた場合には、掘り下げて本文にお目通しいただくといった読み方もあるかもしれない。

　最後に、本書の編集をご担当いただいた株式会社商事法務の辻有里香氏に厚くお礼申し上げる。辻氏からは、本書の構成段階からの貴重なご

助言・示唆に加えて、校正でも微に入り細を穿つご指摘を賜った。辻氏のご尽力がなければ本書は生まれなかったといえる。

　また、いつも支えてくれる妻と元気をくれる子供達に、この場を借りて感謝の意を伝えたい。

2024 年 9 月

弁護士

吉田　和央

目　次

第1編　総論

1　ゲノムとはなにか——染色体・DNA・遺伝子の構造と働き　3
2　ゲノム関連技術の進化と事業活動の進展と課題
　　——「ゲノムを知る」フェーズと「ゲノムを変える」フェーズ　7
3　本書の構成
　　——「ヒトゲノム」と「ヒト以外の生物のゲノム」の区分　13

第2編　ヒトゲノムに関する法規制

第1章　ヒトゲノムの取扱いの基本原則と倫理的課題　16

1　なぜヒトゲノムに特別な法的・倫理取扱いが求められるのか
　　——ヒトゲノムの特性と遺伝子例外主義の妥当性　17
2　ヒトゲノムの取扱いの基本原則　19
3　優生思想の今日的課題　23

第2章　ゲノム医療　26

1　ゲノム医療の意義　26
2　ゲノム情報の個人情報保護法における取扱い　48
3　生命・医学系指針　55
4　遺伝子関連検査に基づく診断・治療　62
5　遺伝子治療　90
6　ヒト受精胚等のゲノム改変　102

第3章　消費者向け（DTC）遺伝子検査　115

1　消費者向け（DTC）遺伝子検査のプロセス　116
2　医師法との関係　118
3　個人遺伝情報保護ガイドライン等の規律　120
4　消費者向け（DTC）遺伝子検査の課題　131

第4章　DNA鑑定　133

1　個人遺伝情報保護ガイドライン等に基づく規律　134
2　刑事事件におけるDNA鑑定　135

　　3　民事事件における DNA 鑑定　　138

第5章　ゲノム情報に基づく不当な差別その他の不利益の防止 ………… 140

　　1　総論——諸外国の法制と我が国の現状　　142
　　2　保険分野　　144
　　3　雇用分野　　156

第6章　遺伝子関連特許 ……………………………………………………… 168

　　1　特許適格性——発明該当性・産業上の利用可能性　　169
　　2　他の特許・出願要件——新規性・進歩性・実施可能要件・明確性　　172
　　3　ゲノム編集技術それ自体の特許取得問題　　178

第3編　ヒト以外の生物のゲノムに関する法規制

第1章　農水産物のゲノム改変の規制 ……………………………………… 180

　　1　カルタヘナ法　　181
　　2　食品衛生法　　191
　　3　食品表示法　　199
　　4　まとめ——ゲノム編集技術の取扱いと海外の動向　　204

第2章　新品種・遺伝資源の保護 …………………………………………… 208

　　1　種苗法　　209
　　2　和牛遺伝資源関連2法　　218

事項索引　　229

<h1 style="text-align:center">凡例</h1>

1 世界宣言等

世界宣言	国際連合教育科学文化機関（ユネスコ）「ヒトゲノムと人権に関する世界宣言」（1997 年）
国際宣言	ユネスコ「ヒト遺伝情報に関する国際宣言」（2003 年）
基本原則	科学技術会議生命倫理委員会「ヒトゲノム研究に関する基本原則」（2000（平成 12）年 6 月 14 日）

2 法律

個人情報保護法	個人情報の保護に関する法律（平成 15 年法律第 57 号）
ゲノム医療推進法	良質かつ適切なゲノム医療を国民が安心して受けられるようにするための施策の総合的かつ計画的な推進に関する法律（令和 5 年法律第 57 号）
臨検法	臨床検査技師等に関する法律（昭和 33 年法律第 76 号）
薬機法	医薬品、医療機器等の品質、有効性及び安全性の確保等に関する法律（昭和 35 年法律第 145 号）
再生医療等安全確保法	再生医療等の安全性の確保等に関する法律（平成 25 年法律第 85 号）
クローン技術規制法	ヒトに関するクローン技術等の規制に関する法律（平成 12 年法律第 146 号）
カルタヘナ法	遺伝子組換え生物等の使用等の規制による生物の多様性の確保に関する法律（平成 15 年法律第 97 号）
家畜遺伝資源に係る不正競争防止法	家畜遺伝資源に係る不正競争の防止に関する法律（令和 2 年法律第 22 号）

3 指針・ガイドライン等

個人遺伝情報保護ガイドライン	経済産業分野のうち個人遺伝情報を用いた事業分野における個人情報保護ガイドライン（平成 29 年経済産業省告示第 62 号）
生命・医学系指針	人を対象とする生命科学・医学系研究に関する倫理指針（令和 3 年文部科学省・厚生労働省・経済産業省告示第 1 号）
遺伝子治療等臨床研究指針	遺伝子治療等臨床研究に関する指針（平成 31 年厚生労働省告示第 48 号）
新規胚研究指針	ヒト受精胚を作成して行う研究に関する倫理指針（平成 22 年文部科学省・厚生労働省告示第 2 号）
提供胚研究指針	ヒト受精胚の提供を受けて行う遺伝情報改変技術等を用いる研究に関する倫理指針（平成 31 年文部科学省・厚生労働省告示第 3 号）
遺伝学的検査・診断ガイドライン	日本医学会「医療における遺伝学的検査・診断に関するガイドライン」（2011 年 2 月。2022 年 3 月改定）
遺伝子検査ビジネス遵守事項	経済産業省「遺伝子検査ビジネス実施事業者の遵守事項」（2013（平成 25）年 2 月）

執筆者紹介

吉田 和央（よしだ・かずお）

弁護士

- 2000 年　奈良学園高等学校卒業
- 2004 年　東京大学法学部卒業
- 2007 年　東京大学法科大学院修了
- 2008 年　弁護士登録（第二東京弁護士会所属）
- 2009 年　森・濱田松本法律事務所入所（現在に至る）
- 2012 年　金融庁監督局保険課に任期付公務員として赴任（課長補佐）、同局総務課、銀行第一課、同庁法令等遵守調査室を併任（～ 2014 年）
- 2015 年　コロンビア大学ロースクール修了（LL.M., Harlan Fiske Stone Scholar）、ニューヨーク州司法試験合格
- 2020 年　経済産業省消費者向け（DTC）遺伝子検査ビジネスのあり方に関する研究会委員（～ 2021 年）

「遺伝子検査と保険の緊張関係に係る一考察――米国及びドイツの法制を踏まえて」生命保険論集 193 号（2015 年）、「遺伝子検査ビジネスの法的諸問題」NBL 1102 号（2017 年）、「『涙が出ないタマネギ』、『芽に毒のないジャガイモ』等『ゲノム編集技術』により得られた農産物に対する法規制」ビジネス法務 19 巻 11 号（2019 年）など、ゲノム関連の法制度に関する著作や講演多数。

第 1 編

総　論

　「ゲノム（genome）」とは、遺伝子（gene）と染色体（chromosome）または「全て」（-ome）から作られた造語であり、細胞内の染色体やDNA、遺伝子も含めた個体が持つ全ての情報を意味する。特に遺伝子は最終的に生物を構成するタンパク質をコードすることから、生命の設計図と呼ばれる。

　近時のゲノム関連技術の進展は著しいが、現在は「ゲノムを知る」というフェーズから「ゲノムを変える」というフェーズに移行しつつある。「ゲノムを知る」フェーズには、患者一人ひとりのゲノムに応じた疾病の診断・治療・予防を目的とするゲノム医療、疾病の予防や生活習慣の改善を目的とする消費者向け（DTC）遺伝子検査、個人識別を目的とするDNA鑑定といったものがある。「ゲノムを変える」フェーズでは、ゲノム編集技術といったゲノム改変技術を用いることによる遺伝子治療や、農水産物の品種改良といった動きが注目を集めている。

　ゲノムの基本的な仕組みはヒトとヒト以外の生物について同じであるが、その法的・倫理的課題には異なる面もある。「ヒトゲノム」情報の利用に当たっては、プライバシーや差別防止といった人権上の配慮が必要である。またその改変に当たっては、意図しない改変に伴う細胞のがん化等のリスクや子孫への悪影響に加えて、親が望む容姿や体力・知能を持った「デザイナーベビー」が作出されたり、かつてナチスが人種差別の基礎とした優性思想が今日的に表出するのではないかという懸念がある。一方、農水産物といった「ヒト以外の生物のゲノム」の改変については、生物の多様性などの環境に悪影響を及ぼさないか、食品としての安全性や表示の適切性を確保できるのかという課題がある。

　本編では、まず1において、染色体・DNA・遺伝子といったゲノムの基本的構造や働きを簡潔に説明する。そのうえで2では、ゲノム検査技術の高度化やゲノム編集技術の出現などのゲノム関連技術の進化と、それに伴う事業活動の進展と課題について、「ゲノムを知る」フェーズと「ゲノムを変える」フェーズに分けて概観する。最後に3において、「ヒトゲノムに関する法規制」（第2編）と「ヒト以外の生物のゲノムに関する法規則」（第3編）の区分に基づく本書の構成を明らかにする。

1 ゲノムとはなにか
［染色体・DNA・遺伝子の構造と働き］[1]

(1) 細胞・染色体・DNA の関係

　生物の親の「形質」（生物個体に現れる形や性質などの特徴）が、子や
それ以降の世代へと受け継がれる現象を「遺伝」という。そうした遺伝
情報を伝達するのは、「DNA（デオキシリボ核酸）」と呼ばれる高分子化
合物である。

　ヒトや動植物などの真核生物の場合、DNA は細胞の核内で特殊なタ
ンパク質などと結合し「染色体（chromosome）」という単位に分かれ
て存在している。染色体の数は生物によって異なるが、ヒトの 2 倍体
細胞の場合、父と母からそれぞれ 1 セットずつ受け継いだ 22 対の常染
色体と 1 対の性染色体、計 46 本の染色体を持ち、それぞれの染色体が
DNA を含んでいる。

　DNA 分子は二重らせんのはしごのような形状をしており、はしごの
縦棒は糖とリン酸による一本鎖、はしごの横棒は A（アデニン）、C（シ
トシン）、G（グアニン）、T（チミン）という 4 種類の塩基が対になって
できている。結合の組合せは、必ず A‐T か G‐C である。ヒトの場合
は、一つの細胞に約 32 億の塩基対を持つ。

---

1)　参考文献：中井謙太『新しいゲノムの教科書——DNA から探る最新・生命科
　　学入門』（講談社、2023 年）13 〜 99 頁、山本卓『ゲノム編集とはなにか——
　　「DNA のハサミ」クリスパーで生命科学はどう変わるのか』（講談社、2020 年）
　　14 〜 44 頁、新川詔夫監修『遺伝医学への招待〔改訂第 6 版〕』（南江堂、2020 年）
　　16 〜 29 頁、フランシス・S・コリンズ著・矢野真千子訳『遺伝子医療革命——
　　ゲノム科学がわたしたちを変える』（NHK 出版、2011 年）32 〜 37 頁、松永和
　　紀『ゲノム編集食品が変える食の未来』（ウェッジ、2020 年）32 〜 34 頁。

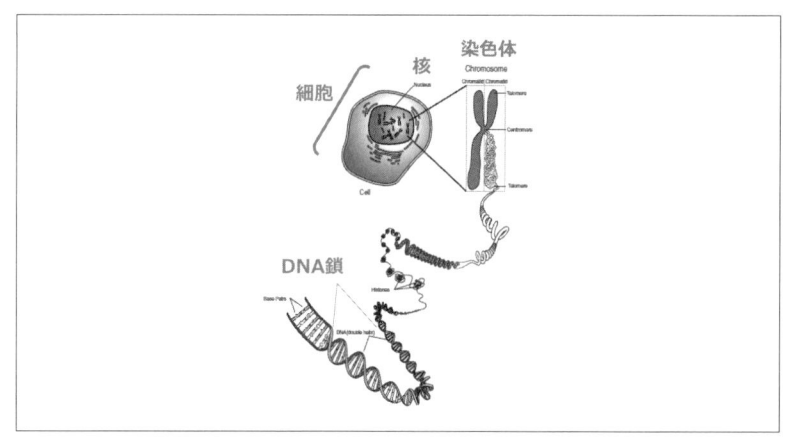

出典：農林水産省「遺伝子組換えとは」（https://www.maff.go.jp/j/syouan/nouan/carta/pdf/about.pdf）1 頁。本図の原典は、National Human Genome Research Institute（https://www.genome.gov/）とされる。

[図表 1-2]　DNA 鎖

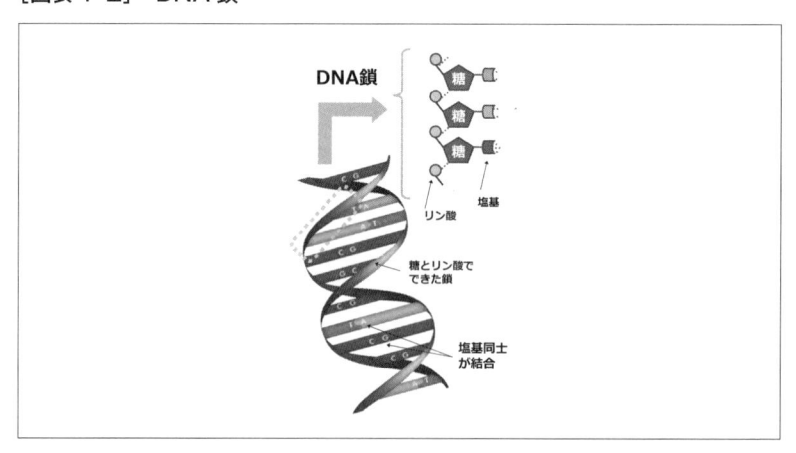

出典：農林水産省「遺伝子組換えとは」2 頁。

(2)　遺伝子発現

　DNA の塩基配列がタンパク質の形成等に関わることにより、最終的に生物の形質に影響を及ぼす。DNA が生命の設計図と呼ばれる所以で

ある。

　DNAの一部領域として、タンパク質の情報をコードする（以下で述べるとおり、DNAの塩基配列がある種の暗号としてアミノ酸・タンパク質の情報となること）部分（コード領域）を、「遺伝子」（gene）という[2]。ヒトの場合、タンパク質をコードする遺伝子の総数は約2万個と推定される。遺伝子に書かれている情報が最終的にタンパク質として生体内で機能する過程を「遺伝子発現」という。

　遺伝子は、エクソンとイントロンから構成される。エクソンはmRNAに「転写」された後にアミノ酸（タンパク質）に「翻訳」される部分であり、イントロンはスプライシングにより切り取られる部分である。つまり、スプライシングにより、転写されたmRNA前駆体のイントロン領域が切り落とされ残ったエクソン領域がつなぎ合わされて、成熟mRNAができる。転写によりRNA分子が合成される際、DNAにおけるT（チミン）塩基だけは、U（ウラシル）塩基としてコピーされる。

　遺伝子の三つの塩基の並び順によって、一つのアミノ酸が指定される。例えば、AAAならリジンとなる。こうして生成されるアミノ酸は20種類ある。タンパク質は、通常、50個から1,500個程度のアミノ酸が様々な組み合わせで結合した物質である。

　タンパク質は、生命活動に必要な体内の化学反応を助ける酵素として働くほか、体の形態維持や運動、体内での栄養分等の輸送、情報伝達、疾病の防御などに関わっている。これらのタンパク質の働きにより、生物の個々の形質が決まる。

---

2)　DNAの遺伝子以外の領域は、かつてはジャンク（がらくた）DNAなどと呼ばれていたが、現在では、タンパク質の合成を制御するといった機能を有することがわかってきている。中井・前掲注1）46〜47頁では、「世間では便宜上、遺伝子をおおざっぱに、RNAにコピーされるDNA領域とみなしていることが多いようである」としながら、「実は、遺伝情報には「どんな」タンパク質を合成するかという構造情報だけでなく、「どのような状況で」そのタンパク質を合成するかという制御情報も重要である」として、「本来はそのような領域（制御領域）も遺伝子の一部とみなされてよいはずだが、それらはゲノムのデータベースなどで遺伝子と記載されている領域には含まれないのが普通である」とされる。

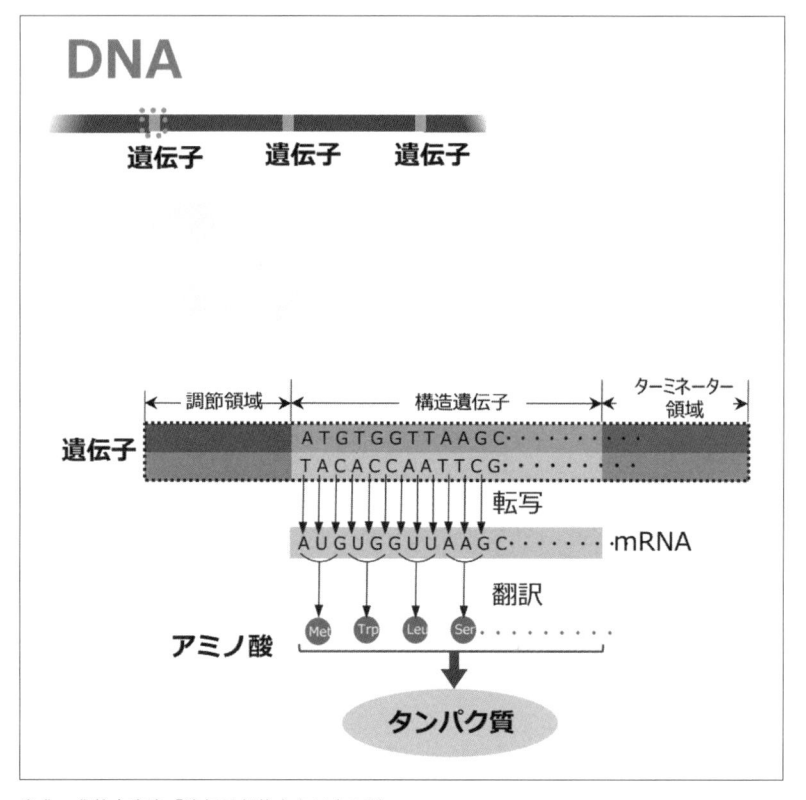

出典：農林水産省「遺伝子組換えとは」3 頁。

(3)　ゲノムの意義

　「ゲノム」（genome）とは、遺伝子（gene）と染色体（chromosome）または「全て」（-ome）から作られた造語であり、以上で述べた細胞内の染色体や DNA、遺伝子も含めた個体が持つ全ての情報を意味する。本書のタイトルが「ゲノム法」であるのも、「ゲノム」という用語が最も包括的な概念であるためである。

2 ゲノム関連技術の進化と事業活動の進展と課題

[「ゲノムを知る」フェーズと「ゲノムを変える」フェーズ]

　近時のゲノム関連技術の進展は著しいが、現在は「ゲノムを知る」というフェーズから「ゲノムを変える」というフェーズに移行しつつある。以下では、各フェーズにおけるゲノム関連技術の進化と、それに伴う事業活動（医療を含む）の進展と課題を概観する。

(1)　「ゲノムを知る」フェーズ

㈠　ゲノム解析技術の高度化[3]

　「ゲノムを知る」（ゲノム情報を把握する）ことは、1953 年に J. ワトソン、F. クリックによる DNA の二重らせん構造の解明に端を発した。

　1990 年には、米国政府の主導により世界各国の参加・支援を得てヒトゲノム計画（Human Genome Project — Real）が始まったが、当時の塩基配列の決定方法（サンガーシークエンス法）では一度に解読できる DNA 長が短く、解析速度にも限界があった[4]。そのため、ヒト一人分の全ゲノム解析に 13 年の歳月と 30 億ドルの費用を要して、2003 年ようやくヒトゲノム配列の解読完成版の公開に至った。

　ところが今世紀に入ってからは、次世代シーケンシング技術等が発展したことに伴い、現在では誰でも、十数万円の費用をかければ、1 か月～ 2 か月で全ゲノム解析を受けることができるようになっている。

---

3)　参考文献：中井・前掲注 1) 226 ～ 241 頁。
4)　東邦大学ウェブサイト「ヒトのゲノムはつくれるのか？」
　　（https://www.toho-u.ac.jp/sci/bio/column/0801.html）参照。

㈠ ゲノム医療、消費者向け（DTC）遺伝子検査、DNA 鑑定への応用

　ゲノム解析技術の高度化は、ゲノム医療という形で医療に革命を起こした。米国では、2015 年 1 月に当時のオバマ大統領が、遺伝子、環境、ライフスタイルに関する個人ごとの違いを考慮した予防や治療法を確立する Precision Medicine Initiative（精密医療イニシアチブ）を発表し、我が国でもこれに追随する形で様々な取組みが進められてきた。例えば、がん細胞のゲノムを調べがんの性質に応じた投薬をしたり、患者のゲノムを事前に調べることで副作用を回避するといった患者個人のゲノムの特性に応じた医療（Personalized Medicine：個別化医療）が実現されている。予防医療という観点では、2013 年に米国の人気女優が、乳がんや卵巣がんのリスクを大いに高めるとされる BRCA 遺伝子の変異が見つかったために、まだ乳がんを発症していない乳房について予防的な切除手術を行ったことが話題となった。

　医療以外の分野でも、遺伝子検査から疾病のかかりやすさを明らかにし、疾病の予防や生活習慣の改善等につなげることを目的として、消費者向け（DTC）遺伝子検査ビジネス（第 2 編第 3 章参照）が行われている。さらに、ゲノム情報の一部は、ヒトの個人識別を目的とする DNA 鑑定にも用いられる場合がある。

　いずれもゲノム解析によって「ゲノムを知る」ことから始まるが、その目的は、ゲノム医療においては疾病の診断・治療・予防、消費者向け（DTC）遺伝子検査においては疾病の予防・生活習慣の改善等、DNA 鑑定においては身元や親子関係の特定といった形で異なる。

　生命の設計図とも呼ばれるヒトゲノム情報は、特に慎重な取扱いが求められるほか、その利用形態によっては、保険や雇用、結婚、教育などの場面において、不当な差別その他の不利益につながるおそれが指摘されている。例えば、保険会社が保険加入時にゲノム情報の告知を求め、そこから分かる疾病罹患リスクの程度に応じて保険引受けの可否や保険料を決定することは許されるか、雇用者が被用者にゲノム情報の告知を求め、そこから分かる性格や能力に基づき採否の決定や労務管理を行う

ことは許されるか、といった問題である。

(2) 「ゲノムを変える」フェーズ

(ア) 従来の育種技術・遺伝子導入技術からゲノム編集技術へ[5]

「ゲノムを変える」（ゲノムの改変）という点では、2012 年に開発され、2020 年にノーベル化学賞を受賞したゲノム編集技術である CRISPR/Cas 9（クリスパーキャスナイン）が重要である。

(A) 従来の育種技術・遺伝子導入技術

従来、農水産物の品種改良を行う方法として、突然変異を用いる育種技術や遺伝子導入技術があった。

突然変異を用いる育種技術とは、突然変異は自然界では非常に低い頻度で起こるところ、放射線や化学物質を用いて人為的に変異を作出する

[図表 1-4]　遺伝子導入技術のイメージ

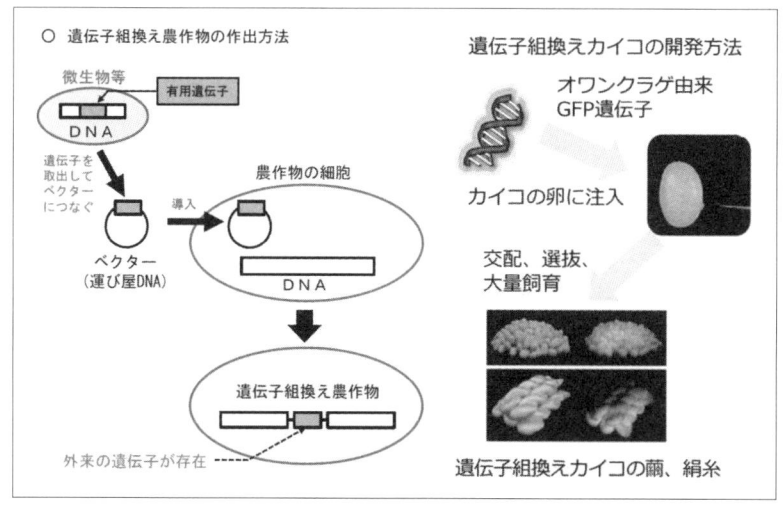

出典：厚生科学審議会科学技術部会「ゲノム編集技術等を用いたヒト受精胚等の臨床利用のあり方に関する専門委員会」第 3 回（2019（令和元）年 10 月 9 日）参考資料 1「ゲノム編集技術等を用いたヒト受精胚等の臨床利用の現状について」4 頁。

---

5)　参考文献：山本・前掲注 1）45 〜 89 頁、中井・前掲注 1）261 〜 268 頁、松永・前掲注 1）10 〜 16 頁、34 〜 50 頁、210 〜 214 頁。

方法である。

　遺伝子導入技術とは、生物から抽出したDNA分子の断片や人工的に合成したDNAを、酵素などを用いてプラスミド（細菌等の細胞内に存在し、染色体外に存在して自己増殖する環状二本鎖DNA）やウイルスなどの自己増殖性DNA（ベクター）に人為的に結合し、細胞内に導入する技術である。遺伝子導入技術を農水産物に適用する場合は「遺伝子組換え」という言葉が用いられる場合があるが、「遺伝子組換え」は次に述べるゲノム編集技術にも適用され得る法規制上の概念でもある（詳細は第3編第1章参照）。

　遺伝子導入技術をヒトゲノムに適用することで、疾病の原因となる遺伝子に直接手を施す遺伝子治療も行われてきた。遺伝子治療には、ウイルスベクター等を用いて遺伝子を体内の細胞に導入してタンパク質を発現させるin vivo遺伝子治療と、体外で遺伝子改変を行った細胞を体内に投与するex vivo遺伝子治療がある。

　⒝　ゲノム編集技術

　⒜で述べた従来の育種技術や遺伝子導入技術では、狙いどおりにゲノムを改変することが難しかった。そこで、狙いどおりにゲノムを改変できる「ゲノム編集技術」という新たな手法が開発された。

[図表1-5]　CRISPR/Cas 9の仕組み

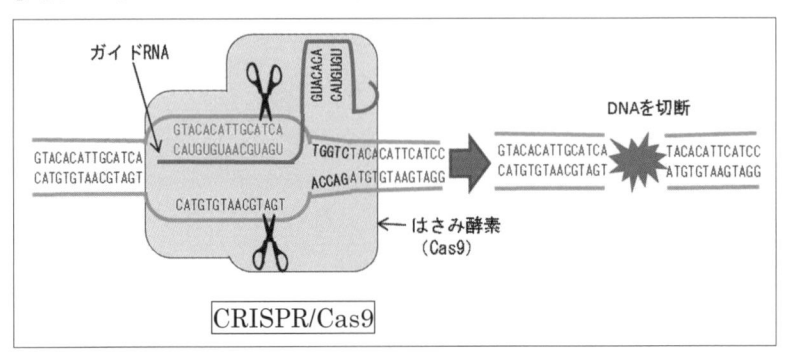

出典：遺伝子組換え生物等専門委員会「ゲノム編集技術の利用により得られた生物のカルタヘナ法上の整理及び取扱方針について（案）」(2018（平成30）年8月30日) 2頁。
　　　(https://public-comment.e-gov.go.jp/servlet/PcmFileDownload?seqNo=0000178262)

[図表 1-6]　ゲノム編集の類型

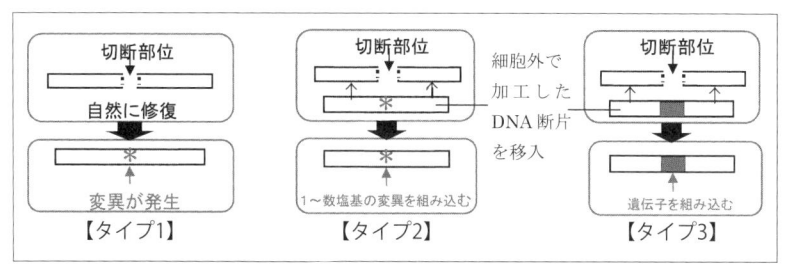

出典：遺伝子組換え生物等専門委員会「ゲノム編集技術の利用により得られた生物のカルタヘナ法上の整理及び取扱方針について（案）」2頁を一部改変。

　ゲノム編集技術は、DNAを切断する酵素（人工ヌクレアーゼ）を用いてゲノム上の任意の塩基配列を改変する技術である。この酵素はゲノムを切る「はさみ」と形容される。

　ゲノム編集技術としては、① ZFN、② TALEN、③ CRISPR/Cas 9 が知られているが、このうち③ CRISPR/Cas 9 は、狙いどおりの改変を容易に行うことができるものとして急速に普及した。

　ゲノム編集の類型は、①宿主の標的塩基配列を切断後、自然修復の際に変異（塩基の欠失、挿入または置換）が発生する類型（タイプ1）、細胞外で加工したDNA断片を挿入することにより、標的塩基配列を切断後、切断部位が修復される際に、②外来の「塩基」が組み込まれる類型（タイプ2）、③外来の「遺伝子」が組み込まれる類型（タイプ3）に分類することができる（［図表 1-6］参照）。

⑴　農水産物の品種改良や遺伝子治療への応用

　狙いどおりにゲノムを改変できるゲノム編集技術の出現により、農水産物の品種改良を飛躍的に効率的に（短時間・低コストで）行うことができるようになった。これにより、機能性成分を多く含んでいたり、毒性・アレルゲンの少ない品種が開発可能となるほか、食料増産につながる品種改良は、ひいては「食料安全保障」（フードセキュリティ）に資するのではないかとの期待もある。実際に国内では、ゲノム編集技術によ

り、例えば、GABA（血圧上昇を抑制する効果のあるアミノ酸の一種）含有量を高めたトマト[6]、可食部増量マダイ・高成長トラフグ[7]といった画期的な農水産物が開発され、既に販売が開始されている。一方で、農水産物のゲノム改変については、生物の多様性などの環境に悪影響を及ぼさないか、食品としての安全性や表示の適切性を確保できるのかという課題がある。

　ヒトの遺伝子治療についても、ゲノム編集技術によるさらなる進展が期待されており、既に研究や試験が開始されている。2023年末には英国と米国において、ゲノム編集技術を用いた遺伝子治療が初めて規制当局の承認を受けた。その一方で、ゲノム編集技術による遺伝子治療は、目的外の遺伝子を書き換えてしまうこと（オフターゲット）により、細胞のがん化等のリスクや、生殖細胞を書き換えてしまうことによる子孫への悪影響が懸念される。さらには、ゲノム編集技術によりヒト受精胚等のゲノム改変が行われれば、親が望む容姿や体力・知能を持った「デザイナーベビー」が作出されたり、かつてナチスが人種差別の基礎とした優生思想が今日的に表出するのではないかとの懸念もある。実際に、2018年11月に中国の研究者がゲノム編集技術を用いたヒト受精胚から双子を誕生させたことを公表した際には、国際的にも大きな批判・議論が巻き起こった。

---

6)　サナテックライフサイエンス株式会社「ゲノム編集トマト家庭菜園用苗の販売開始のお知らせ」（2021年10月11日）（https://sanatech-seed.com/ja/211011/）。

7)　リージョナルフィッシュ株式会社「Regional Fish Online」（https://regionalfish.online/）。

3 本書の構成
[「ヒトゲノム」と「ヒト以外の生物のゲノム」の区分]

　ゲノム・染色体・DNA・遺伝子の基本的な構造は「ヒト」と「ヒト以外の生物」との間で大きく異なることはなく、その改変技術も基本的に同様に適用することができる。もっとも、「ヒト」と「ヒト以外の生物」とでは、ゲノムの取扱いに対する倫理的な視点や活用方法が異なる。そこで本書ではゲノムの主体で構成を分け、第2編では「ヒトゲノム」に関する法規制、第3編では「ヒト以外の生物のゲノム」に関する法規制について述べる。

　第2編の「ヒトゲノム」の取扱いは倫理的な問題を常に伴うことから、冒頭（第1章）において、ヒトゲノムの特性を踏まえた基本原則と倫理的課題を明らかにする。そのうえで、ゲノム医療（第2章）、消費者向け（DTC）遺伝子検査（第3章）、DNA鑑定（第4章）といった事業ごとに問題となる法規制を概観する。また、そのような事業活動により得られたゲノム情報が本来の目的を超えて、不当な差別その他の不利益につながらないかという問題を取り上げる（第5章）。

　第3編の「ヒト以外の生物のゲノム」に関しては、ゲノム改変された農水産物について、カルタヘナ法、食品衛生法、食品表示法といった法律がいかなる場合に適用されるのか、特にゲノム編集技術により生み出された農水産物の取扱いを明らかにする（第1章）。

　以上は、ゲノムについて主として規制・倫理上の問題を取り上げるものであるが、ゲノムに関する民事法上の問題、特にゲノム関連技術や新たに生み出された農水産物に関していかなる権利が発生し保護されるかという問題もある。そこで、第2編（第6章）では、「ヒトゲノム」に関する遺伝子関連特許について、第3編（第2章）では、「ヒト以外の生物のゲノム」に関して、植物の新品種を保護する種苗法、和牛遺伝資源の保護を目的として2020年に立法された和牛遺伝資源関連2法につ

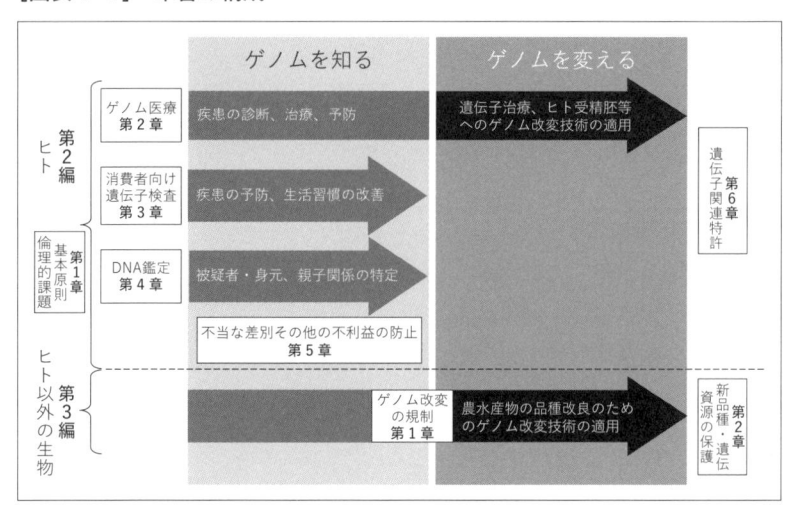

いて解説する（[図表 1-7] 参照）。

第 2 編

ヒトゲノムに関する法規制

第1章 ヒトゲノムの取扱いの基本原則と倫理的課題

Point

　そもそもヒトゲノムについて、なぜ特別な法的・倫理的取扱いが求められるのかというと、①ヒトゲノムのうち特に生殖細胞系列は生涯変化することがない、②ヒトゲノムが血縁者・集団間で一部共有されている、③不適切に扱われた場合には、本人やその血縁者、さらには集団に差別その他の社会的不利益がもたらされる可能性があるといった特性を持つためである。こうした特性を重視すればするほど、ヒトゲノムについては特別な規律が必要であるという考え方（遺伝子例外主義）に至りやすい。この考え方をどの程度（どのように）考慮するかが、ヒトゲノムに関する法的・倫理的枠組みを考えるうえで常に問題となる。

　ユネスコにおいて 1997 年に採択された「ヒトゲノムと人権に関する世界宣言」、2003 年に採択された「ヒト遺伝情報に関する国際宣言」、我が国で 2000 年に取りまとめられた「ヒトゲノム研究に関する基本原則」から、ヒトゲノムの取扱いにおける基本的な原則を抽出すると、①インフォームド・コンセント、厳格な情報管理、②知る権利・知らないでいる権利、③社会的・心理的支援、④血縁者等への情報開示、⑤倫理審査、⑥検査等の正確性・信頼性・質・安全性の確保、⑦差別の禁止、⑧ゲノム情報の抹消といった点を挙げることができる。

　加えて、近時の出生前・着床前遺伝学的検査の技術的進歩や、ゲノム編集技術によるヒト受精胚等のゲノム改変の可能性は、優生思想といった倫理上の問題が今日的に表出するおそれを生じさせている。

1 なぜヒトゲノムに特別な法的・倫理取扱いが求められるのか
[ヒトゲノムの特性と遺伝子例外主義の妥当性]

なぜヒトゲノムについて特別な法的・倫理的取扱いが求められるのか。それは以下のようなヒトゲノムの特別な性質に起因している[1]。

第一に、ヒトゲノムのうち特に生殖細胞系列は生涯変化することがない。全く同じゲノムを有している人は一卵性双生児を除けば存在せず、それゆえにゲノムは究極のプライバシー情報といわれる。しかも、生命の設計図として、体質を含む様々な形質の発現に関与しており、個人の遺伝的疾病体質などを予測できるため、その意味でも非常にセンシティブな情報である。

第二に、そうしたヒトゲノムは血縁者・集団間で一部共有されている。ヒトゲノムの一部は遺伝によって子孫に引き継がれていく。そのため、ある人のゲノム情報は、その血縁者やその人が属する集団のゲノム情報であるともいえる。

第三に、ヒトゲノムがこのような特性を有するがゆえに、あるヒトゲノムが不適切に扱われた場合には、本人やその血縁者、さらには集団に対する差別その他の社会的不利益がもたらされる可能性がある。集団に対する差別で最も極端なものが人種差別である。

以上のようなヒトゲノムの特性が、ヒトゲノムについて特別な法的・倫理的取扱いが求められる根拠となるが、全てがヒトゲノムに固有の特性かというと、必ずしもそうとはいい切れない面もある。例えば、ヒトゲノムはセンシティブな個人情報であるのと同様、特定の疾病への罹患といった医療情報もセンシティブな情報である。つまり、情報のセンシティブ性はゲノム情報のみの特権ではない。医療情報であっても、例えば HIV の罹患情報は、誤って用いられると不当な社会的差別を引き起

---

1) 国際宣言4条(a)、遺伝学的検査・診断ガイドライン2.参照。

こすおそれがある。ゲノム医療が進展し、ゲノム情報と医療情報が一体化していくなかで、ゲノム情報を医療情報から区別して取り扱うことができるかという実務的な問題もある。

　このようにヒトゲノムの特性に基づく特別な取扱いや規制が正当化されるかという問題は、米国では 1990 年代後半から「遺伝子例外主義」（genetic exceptionalism）を巡る問題として論争が繰り広げられてきた[2]。ゲノム情報は特別であり、それ故医療情報その他の情報とは合理的に区別可能であるという立場を遺伝子例外主義という。遺伝子例外主義によればゲノムの取扱いにつき特別な規制や手続を求めることが正当化されやすい。一方、ゲノム情報は特別ではないという立場に立てば、特別な規制や手続は必要ないことになる。

　もっともこの問題は、遺伝子例外主義が妥当か否かという二者択一的な議論を行うべきではなく、ヒトゲノムが問題となる個別のケースに応じて具体的に検討すべき問題であると考える。本編は、ゲノム医療（第2章）、消費者向け（DTC）遺伝子検査（第3章）、DNA 鑑定（第4章）、ゲノム情報に基づく差別その他の不利益の防止（第5章）、遺伝子関連特許（第6章）といったヒトゲノムに固有の規制・規律について解説するものであるが、こうしたアプローチ自体、遺伝子例外主義をある程度前提にしており、問題はヒトゲノムの特殊性をどの程度（どのように）考慮するかであるといえる[3]。

---

2) 「遺伝子例外主義」について論じた文献は多数存在するが、邦語文献として、山本龍彦「遺伝子例外主義に関する一考察」甲斐克則編『遺伝情報と法政策』（成文堂、2007 年）41 〜 73 頁、瀬戸山晃一「遺伝子情報例外主義論争が提起する問題——遺伝情報の特殊性とその他の医療情報との区別可能性と倫理的問題性」甲斐編・前掲書 74 〜 94 頁などがある。
3) 　山本龍彦『遺伝情報の法理論——憲法的視座の構築と応用（現代憲法研究Ⅱ）』（尚学社、2008 年）は、遺伝情報を分類したうえで、医療、雇用、保険、犯罪捜査、ヒトゲノム・遺伝子解析研究といった領域ごとに考え方を示している。

2 ヒトゲノムの取扱いの基本原則

2000 年前後、ヒトゲノム計画が進展するにつれ、ヒトゲノムに関するプライバシー保護や差別の防止など、人権上の配慮も含めた基本的な規範や倫理を確立する必要性が認識されていた。そこで、ユネスコ（国連教育科学文化機関）において、1997 年に「ヒトゲノムと人権に関する世界宣言」、2003 年に「ヒト遺伝情報に関する国際宣言」が採択された。我が国でも科学技術会議生命倫理委員会により、2000 年に「ヒトゲノム研究に関する基本原則」が取りまとめられた。

いずれも個人や事業者に対する直接の法的拘束力を有するものではないが、**第 2 章**以下で述べる各規制・規律の背後にある基本的倫理・考え方を示すものと捉えることができる[4]。以下では、こうした世界宣言、国際宣言や基本原則から、ヒトゲノムの取扱いの基本的な原則を抽出して明らかにする。

(1) インフォームド・コンセント、厳格な情報管理

ヒトゲノムに関する研究・医療、遺伝子検査・鑑定等（以下「ヒトゲノム研究・事業等」という）を行う際には、その対象者（以下「対象者」という）に対して事前に十分な説明を行ったうえで、対象者から自由意思に基づく同意（インフォームド・コンセント）が与えられなければならない（基本原則第 2 章第 1 節、国際宣言 8 条、9 条参照）。また、ゲノム情

---

4) 特に基本原則は、2001（平成 13）年に策定された「ヒトゲノム・遺伝子解析研究に関する倫理指針」（2013（平成 25）年の全部改正後は、平成 25 年文部科学省・厚生労働省・経済産業省告示第 1 号）の基礎となった。同指針は、その後 2021 年に「人を対象とする医学系研究に関する倫理指針」（平成 26 年文部科学省・厚生労働省告示第 3 号）と統合されて、生命・医学系指針が策定された。**第 2 章 3**(1)参照。

報は機密性を保持したうえで厳重に保管され、漏洩防止のための措置が講じられなければならない（基本原則第 11、第 12、世界宣言 7 条、国際宣言 14 条参照）。

　ゲノム情報についてのセンシティブ性や差別等の社会的不利益を生じさせるおそれから導かれる原則である。もっとも、こうした要請は、同じくセンシティブな情報である医療情報全般についていえるものであり、この意味ではヒトゲノムだけに当てはまる原則とはいえない。

⑵　知る権利・知らないでいる権利

　対象者は、ヒトゲノムの検査や解析（以下「検査等」という）の結果明らかになった自己のゲノム情報を「知る権利」とともに、「知らないでいる権利」を有する（基本原則第 13、第 14、国際宣言 10 条参照）。

　自らの情報を「知る権利」は一般的な法理として確立しているが、「知らないでいる権利」はヒトゲノムについて特に問題となりやすい。ゲノム情報を知ることは、例えば、将来の疾病罹患可能性といったネガティブな情報の把握につながり、将来への悲観など精神的なショックを対象者に与えるおそれがある。そのため、自己のゲノム情報を知るか知らないでいるかは対象者の自由意思に委ねる必要があり、対象者の意思に反して、ゲノム情報や解析結果を知らせることは許されない。こうした点を担保するうえでも、遺伝子検査等に当たっては、あらかじめいかなる情報が開示されるかについて十分な説明を伴ったインフォームド・コンセントを対象者から得ておくことが重要である。

⑶　血縁者等への情報開示

　対象者と血縁関係にある者または対象者の家族（以下「血縁者等」という）は、検査等により明らかとなった対象者のゲノム情報について、原則として対象者本人の承諾がある場合に限り、知ることができる。対象者の意思に反して、対象者個人のゲノム情報を血縁者等に知らせることは、原則として許されない（基本原則第 15 第 1 項参照）。ただし、そのゲノム情報に関して、疾病に関する遺伝的要因であるかまたはその可

能性があるとの判断に結びつく場合、その疾患の予防または治療が可能と認められるときは、例外的に、その判断を対象者本人の承諾なしに血縁者等に伝える必要性が生じる場合がある（同2項参照）。

　対象者の承諾なしでの血縁者等への情報開示の要請は、ゲノムの血縁者間共有性から導かれるものである。もっとも、対象者本人のプライバシー・個人情報の保護という原則と衝突することから、血縁者の疾患の予防または治療が可能と認められるときなど例外的な場合に限られる。

⑷　社会的・心理的支援

　対象者および血縁者等は、検査等の結果を知るまたは伝えられるに当たって、遺伝カウンセリングを含む適切な社会的・心理的支援を受けることができるようにする必要がある（基本原則第19、国際宣言11条参照）。

　自己のゲノム情報を知ることは、将来の疾病罹患可能性などのネガティブな情報の把握につながり、将来への悲観といった精神的なショックを受けるおそれが生じるうえ、社会生活や家庭生活のなかに課題をもたらし、対象者および血縁者等における社会心理的なストレス因子となり得るためである[5]。

⑸　倫理審査

　ヒトゲノム研究・事業等の実施に当たって事業者等は、その計画について、独立で学際的かつ多元的な倫理審査委員会より、科学的観点からの評価とともに、倫理的・法的・社会的観点も含めて総合的に実施可否の審査を経なければならないとされている（基本原則第23、世界宣言16条、国際宣言6条⒝参照）。

　ヒトゲノムの取扱いそれ自体が、常に倫理的・法的・社会的問題を生じさせることから、研究・事業等の計画の妥当性について第三者の目線で客観的に確認する必要があるためである。

---

5)　三宅秀彦「遺伝カウンセリング」日本医師会雑誌152号・特別号⑴「遺伝を考える」（2023年）59頁参照。

(6) 検査等の正確性・信頼性・質・安全性の確保

　ヒトゲノムの検査等においては、正確性・信頼性・質・安全性を確保するための措置を講ずる必要がある（国際宣言15条参照）。

　ヒトゲノムの検査等は、未だ発展途上の側面があり、①結果の病的意義の判断が変わる、②病的バリアント（変異）から予測される、発症の有無、発症時期や症状、重症度に個人差があり得る、③医学・医療の進歩とともに臨床的有用性が変わり得るといった「あいまい性」[6]が内在している。事業者等はそのような「あいまい性」を謙虚に受け止めたうえで、検査等の正確性・信頼性・質・安全性を確保する必要がある。この点はゲノム医療でも問題となるが、医療外で実施される消費者向け（DTC）遺伝子検査（**第3章**参照）で議論されやすい。

(7) 差別の禁止

　ゲノム情報は人としての多様性を示す基盤であり、ヒトゲノム研究・事業等の対象者は、検査等の結果明らかになった自己のゲノム情報が示す遺伝的特徴を理由にして差別されてはならない（**基本原則第16**、世界宣言6条参照）。ゲノム情報が、個人のみならず、家族、集団（共同体）に烙印を押すことにつながる目的のために用いられないことも重要である（国際宣言7条参照）。

　ゲノム情報は、基本的に生涯変化することがない究極のプライバシー情報であり、仮に不適切に扱われた場合には、本人やその血縁者、さらにはその属する集団に差別その他の社会的不利益がもたらされるおそれがあることを踏まえたものである。この点は、**第5章**で詳述する。

(8) ゲノム情報の抹消

　犯罪捜査の際に被疑者から収集されたヒトゲノム情報は、必要でなくなった場合には抹消されるべきである（国際宣言21条(b)参照）。

---

6) 遺伝学的検査・診断ガイドライン 2. 参照。

ヒトゲノム研究・事業等におけるゲノム情報の取扱いは、(1)で述べたインフォームド・コンセントに従うことになる。一方、刑事手続において国家により取得されたゲノム情報は、憲法上のプライバシー権（憲法13条）が直接問題となるため、必要性がなくなった場合には情報の抹消が求められ、第4章2(3)で述べる刑事手続におけるDNA型記録の取扱いにおいて、特に問題となる。

3　優生思想の今日的課題

　ヒトゲノムの取扱いに当たっては、2で述べた基本原則のほか、優生思想との関係で特に留意を要する。

(1)　優生思想とは[7]

　優生思想の基となった優生学とは、その創始者であるゴルトンによれば、「人種の先天的資質を向上させる全ての影響及びそれらを最大限に有利に発展させる影響を扱う科学」と定義される。その第一の目的は、不適者（unfit）の出生率を抑制すること、第二の目的は、早期の結婚と健康な子供の養育によって、適者（fit）の生産性（繁殖力）をさらに高めることを通じ、人種を改良することとされる。

　こうした優生思想は20世紀初頭から世界的に広まった。特にドイツのナチス政権により1933年制定された遺伝病子孫予防法1条1項は、「一定の遺伝病にかかる者は、医学の経験上、その子孫に重い身体的又は精神的欠陥を与えるおそれが大であると認められる場合には、外科的

---

7)　参考文献：衆参両院の厚生労働委員長から衆参両院議長に報告された「旧優生保護法に基づく優生手術等を受けた者に対する一時金の支給等に関する法律第21条に基づく調査報告書」（2023（令和5）年6月）。

手術により生殖不能となす（断種する）ことができる」とし、同条2項は、①先天性精神薄弱、②精神分裂病、③循環精神病（躁鬱病）、④遺伝性てんかん、⑤遺伝性舞踏病（ハンチントン舞踏病）、⑥遺伝性盲目、⑦遺伝性聾、⑧重度の遺伝性奇形、のうちのいずれかを患う者を「遺伝病者」と規定していた。また、「精神分裂病は西欧系ユダヤ人に非常に多く見られる」等、特定の「遺伝病」と人種とを結び付ける当時の誤った見方に基づき、強制収容所では断種の人体実験により多くのユダヤ人等が犠牲となった。

　日本においても、旧優生保護法が1948年6月に議員立法により制定され、同法が母体保護法と名称等を変え、優生手術に関する規定が削除される1997年9月25日までの間、「不良な子孫の出生を防止する」ことを目的として（旧優生保護法1条）、約2万5,000件の優生手術（不妊手術）が実施された。このような優生思想に基づく優生手術が著しく人権を侵害するものであったことに疑いの余地はない。優生手術等を受けた方々に対しては、旧優生保護法に基づく優生手術等を受けた者に対する一時金の支給等に関する法律（一時金支給法）に基づき一時金が支給される制度が設けられるとともに、司法においても違憲の立法として国の責任を認められた（最大判令和6年7月3日裁判所ウェブサイト）。

(2)　遺伝学的検査やゲノム改変技術の進化に伴う今日的課題

　(1)で述べたナチスの遺伝病子孫予防法や日本の旧優生保護法の事例を見れば、優生思想はもはや過去の問題であると思われるかもしれない。しかし、優生思想が完全に過去の問題になったわけではなく、遺伝学的検査やゲノム改変技術の進化により別の形で表出し得る。

　例えば、出生前遺伝学的検査（第2章4(1)(オ)参照）の結果を理由として人工妊娠中絶を行うことは、疾患やそれに伴う障害のある胎児の出生を排除することになり、ひいては障害のある者の生きる権利や生命、尊厳を尊重すべきとするノーマライゼーションの理念に反するとの懸念がある。重篤な遺伝性疾患を対象とした着床前遺伝学的検査（同(カ)(A)参照）も、着床前にそうした疾患を持つ胎児の出生を排除するという点では同

様である。不妊症および不育症を対象とした着床前遺伝学的検査（同(B)参照）は、その本来の目的を逸脱して、性別など胚（胎児）の形質選択につながるおそれがある。

　ゲノム編集技術によりヒト受精胚等のゲノム改変が容易となれば（第2章6参照）、優生思想の懸念はより一層強まる。ゲノム改変技術は既に農水産物に対して適用されているように生物を改良できるのであるから、ヒトに対しても、一歩間違えば、疾患の治療や予防にとどまらず、エンハンスメント（ヒトの身体や精神の機能の強化・向上）目的に利用されるおそれも否定できない。いわゆる「デザイナーベビー」の問題である。

　なお、遺伝子治療（第2章5参照）は、現時点では生殖細胞における意図しない遺伝子改変リスクが排除できないとされている。この場合、ゲノムの改変が世代を超えて引き継がれた結果が、後世代において、どのように個人や社会に影響を及ぼすかが不明であるとの懸念があり、やはり社会・倫理上の課題を有している。

第2章　ゲノム医療

第2章

本章では、まず1においてゲノム医療の意義を明らかにしたうえで、2ではゲノム医療において常に問題となるゲノム情報の個人情報保護法における取扱い、3ではゲノム医療を研究として実施する際に適用される生命・医学系指針を解説する。

4～6では、個別の医療分野として、遺伝子関連検査に基づく診断・治療、遺伝子治療、ヒト受精胚等のゲノム改変といった分野ごとに、適用される法規制や指針等を明らかにする。遺伝子関連検査に基づく診断・治療は「ゲノムを知る」フェーズ、遺伝子治療やヒト受精胚等のゲノム改変は「ゲノムを変える」フェーズと捉えることができる。

1　ゲノム医療の意義

Point

ゲノムと疾患は密接な関係がある。その関係は様々で、単一の遺伝子によって引き起こされる単一遺伝子疾患もあれば、遺伝要因と環境要因があいまって引き起こされる多因子疾患もある。高血圧症や糖尿病、がんなど、よくある病気のほとんどは遺伝的要素を持っている。患者のゲノムを解析して、患者ごとの体質や病状に応じた医療（Personalized Medicine：個別化医療）を提供することが、ゲノム医療の本質である。

特にがんは、がん細胞自体が遺伝子の異常で引き起こされるため、ゲノム医療となじみやすい。がん細胞のゲノムを遺伝子パネル検査等を通じて調べることにより、そのがんに適した薬を用いることが可能となる。また、難病領域においても、ゲノム解析を通じて、発病の機構や治療方法が明らかになることが期待されている。

　こうしたゲノム解析を行うためには、大規模なバイオバンク（血液などの生体試料と関連情報を組織的に管理・保管等する仕組）などの研究基盤が必要であり、これに当たるものとして我が国では、バイオバンク・ジャパン（BBJ）、ナショナルセンター・バイオバンクネットワーク（NCBN）、東北メディカル・メガバンク機構（TOMMO）といったものがある。厚生労働省により策定され現在進行中の「全ゲノム解析等実行計画」は、こうしたゲノム解析の取組みをさらに推し進めるものである。

　2023年6月に成立・施行したゲノム医療推進法は、ゲノム医療の推進に向けた計画の策定義務を国に課すものである。そのなかには、生命倫理への適切な配慮、ゲノム情報の適正な取扱い、差別等への適切な対応、医療以外の目的による解析の質の確保など、ゲノム医療を推進するなかで生じ得る課題への対応も盛り込まれている。

(1)　遺伝と疾患の関係[1]

　遺伝と関連する疾患は、以下のとおり、①単一遺伝子疾患（(ア)）、②多因子疾患（(イ)）、③染色体異常（(ウ)）に分類される。

(ア)　単一遺伝子疾患

　特定の遺伝子の変異[2] によって引き起こされる疾患をいう。メンデル遺伝の法則（メンデルが1865年に発表した遺伝の法則で優生の法則、分離の法則、独立の法則からなる）により親から子に引き継がれ（そのため「メンデル遺伝病」とも呼ばれる）、相同染色体上のある遺伝子の片方の変異

---

1)　参考文献：新川詔夫監修『遺伝医学への招待〔改訂第6版〕』（南江堂、2020年）130〜142頁、フランシス・S・コリンズ著・矢野真千子訳『遺伝子医療革命——ゲノム科学がわたしたちを変える』（NHK出版、2011年）53〜64頁。

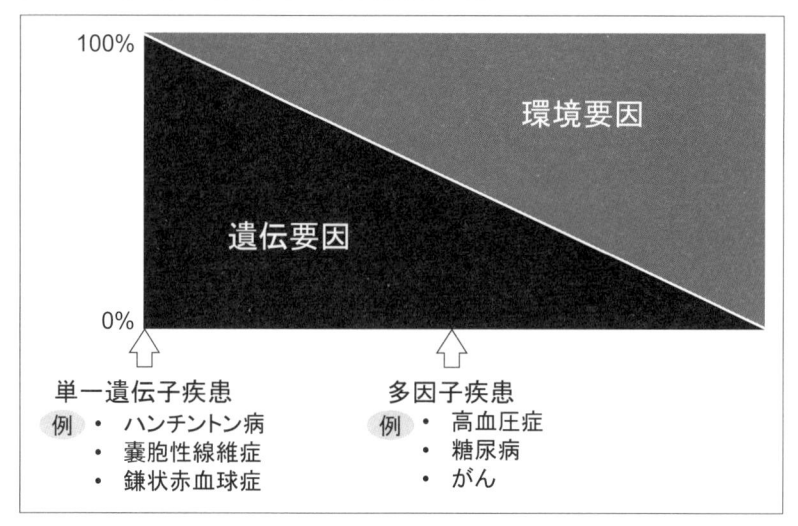

出典：新川監修・前掲注 1) 103 頁の図を基に作成。

だけで発症する「常染色体優性遺伝病」、相同染色体上の両方の遺伝子の変異により発症する「常染色体劣性遺伝病」、X 染色体上の遺伝子変異による「X 連鎖優性・劣性遺伝病」がある。

　例として、ハンチントン病、嚢胞性線維症、鎌状赤血球症などが挙げられる。発症する前に将来の発症をほぼ確実に予測することが可能となるため、発症前遺伝学的検査（4⑴⑺参照）の対象ともなる。

⑺　多因子疾患

　遺伝要因と環境要因（例えば、食生活、運動、飲酒、喫煙などの生活習慣やストレス、感染などの外的刺激）の相互作用によって引き起こされる

---

2)　遺伝子多型（バリアント）とは、ゲノム配列の個体差であり、ある塩基が他の塩基に置き換わっている配列の違いをいう。1 塩基が異なるものを 1 塩基変異（single nucleotide variant: SNV）といい、特に、一定以上の頻度（通常 1% 以上の頻度）で確認される SNV を 1 塩基多型（single nucleotide polymorphism: SNP）と呼ぶ。疾患の原因となるような医学的意義のある多型を病的変異という。

疾患である。遺伝的要因に関連する遺伝子を疾患感受性遺伝子という。

　例えば、高血圧症や糖尿病、がんなど、よくある疾患のほとんどは遺伝的要素を持っているが、これらの疾患は単一の遺伝子ではなく、複数の遺伝要因や環境要因が関与している。多因子疾患に関する遺伝子検査は、罹患性の程度（リスク）を予測する点で、易罹患性診断（4⑴(キ)参照）とも呼ばれる。

(ウ)　染色体異常

　DNA分子（遺伝子）を含む染色体そのものの数や構造の異常をいう。例えば、染色体の本数の異常による疾患として、13、18、21トリソミーがある。

(2)　ゲノム医療の意義と類型

　ゲノム医療とは、個人のゲノム情報をはじめとした各種オミックス解析情報[3]をもとにして、その人の体質や病状に適した医療（Personalized Medicine：個別化医療）を行うことを指す。個々の患者ごとの遺伝子レベルでの解析に基づき最適な医療を行うことはPrecision Medicine（精密医療）とも呼ばれる。より具体的には、個々人のゲノム情報を調べて、その結果をもとに、より効率的・効果的に疾患の①診断、②治療、③予防が行われる。

　単一遺伝子疾患は、疾患と特定の遺伝子の変異が対応していることから、疾患の診断や治療になじみやすい。治療には、遺伝子治療（5参照）も含まれる。他方、多因子疾患の検査は、罹患性の程度（リスク）を明らかにするため、疾患の予防に用いられることが多い。

---

3)　オミックス解析とは、生体中に存在する遺伝子（ゲノム）、タンパク質（プロテオーム）、代謝産物（メタボローム）、転写産物（トランスクリプトーム）等の網羅的な解析をする手法をいう。

[図表 2-2] ゲノム医療の類型

主な出口		遺伝子の例	内容	主な効果
(1)疾患の診断		単一遺伝子	一部の希少疾患、難病（筋ジストロフィーなど）	適切な治療の実施
		外来遺伝子	デング熱ウイルスの遺伝子（PCR法）	適切な治療の実施
(2)疾患の治療	①個別化医療	単一遺伝子	抗がん剤ハーセプチンによる乳がんの個別化医療 ・ハーセプチンはHER2陽性のがん細胞を標的に攻撃（HER2陽性の乳がんは乳がん全体の20%）	・効果的な治療の実施（副作用の軽減） ・医療費の削減
	②治療薬の使い分け	薬剤関連遺伝子	抗てんかん薬（カルバマゼピン） ・てんかんの患者のなかには、抗てんかん薬に副作用が出現しやすい遺伝子を持った者がおり、事前に遺伝子検査を実施し、該当する遺伝子を持っている患者には投与しない	・副作用の軽減 ・医療費の削減
	③遺伝子治療	単一遺伝子	ADA欠損症に対するADA遺伝子の導入療法 ・今までは頻回の酵素補充療法を生涯にわたって実施 ⇒1回の遺伝子導入	効果的な治療の実施
(3)疾患の予防		複数の遺伝子	環境因子の寄与も大きいとされるが、特定の複数の遺伝子を持った者は、糖尿病や高血圧症などのいわゆる生活	発症予防による医療費の削減

		習慣病が発症する可能性が高いことから、早期の介入による発症予防を行う

出典：ゲノム情報を用いた医療等の実用化推進タスクフォース第1回（2015（平成27）年11月17日）資料2「ゲノム医療等をめぐる現状と課題」2頁。

(3) ゲノム医療の推進に向けた取組み

　ゲノム医療については、米国において2015年1月に当時のオバマ大統領が発表した遺伝子、環境、ライフスタイルに関する個人ごとの違いを考慮した予防や治療法を確立する Precision Medicine Initiative（精密医療イニシアチブ）、といった諸外国での取組みも踏まえつつ、我が国でも様々な施策の検討が進められてきた。

　まず、2014年7月22日に閣議決定された「健康・医療戦略」2.(1)1)において、「環境や遺伝的背景といったエビデンスに基づく医療を実現するため、その基盤整備や情報技術の発展に向けた検討を進める」、「ゲノム医療の実現に向けた取組を推進する」とされた。

　そうした取組みを関係府省・関係機関が連携して推進するため、2015年1月、健康・医療戦略推進会議の下にゲノム医療実現推進協議会が設置された。この協議会は、同年7月にゲノム医療推進に向けた具体的な方策をまとめた「中間とりまとめ」を、2019年8月には「中間とりまとめに対する最終報告書」を公表し、それまでの取組みの進捗を総括している。そのなかには、医療実装に資する課題（検査の品質・精度管理、ゲノム医療提供機関の整備、検査の実施機関、人材の教育・育成、カウンセリング体制の整備、検査の費用負担）、研究に資する課題（バイオバンクの利活用等）、社会的視点に関する課題が含まれる。

　ゲノム医療実現推進協議会の下には、2015年11月から2016年10月までゲノム情報を用いた医療等の実用化推進タスクフォースが設置されていた。このタスクフォースが同月19日に公表した「ゲノム医療等の実現・発展のための具体的方策について（意見とりまとめ）」では、個

人情報保護法におけるゲノム情報の取扱い、ゲノム医療等の質の確保、ゲノム医療等の実現・発展のための社会環境整備等について意見がとりまとめられている。

ゲノム医療実現推進協議会は、2019 年にゲノム医療協議会として名称と体制が改められ、ゲノム医療に関する施策について引き続き検討が進められている。

(4) がんゲノム医療[4]

(ア) がん発症のメカニズム

がんとは、主に遺伝子に変異が生じることにより、細胞に異常な増殖が引き起こされて生じる疾患である。具体的には、細胞増殖を促進する「がん遺伝子」に変異が起きることで増殖を抑制できなくなったり（例えれば、自動車のアクセルが入りっぱなしの状態）、細胞増殖を抑える「がん抑制遺伝子」に変異が起きることでやはり増殖を抑制できなくなる（例えれば、自動車のブレーキが故障した状態）。その他にも、DNA 塩基の変異を修復する酵素をコードする「DNA 修復遺伝子」の変異や DNA の塩基配列以外の変化（メチル化等）により遺伝子の発現を促進・抑制する「エピジェネティック修飾」の異常によりがんが生じる場合もある。

がんの多くは、加齢やたばこ、食生活などの生活習慣を含む環境要因によって遺伝子に変異（後天的な体細胞異常）が生じることで発生する。

一方、生まれもった遺伝子の変異（生殖細胞系列異常）が原因で、がんに罹患しやすい体質を持っている場合がある。この体質は次の世代に受け継がれることがあり、それを原因とするがんは「遺伝性腫瘍」と呼ばれる。有名なものとして、がん抑制遺伝子である BRCA 1/2 の遺伝

---

4) 参考文献：国立研究開発法人国立がん研究センターがんゲノム情報管理センター（C-CAT）「がんゲノム医療とがん遺伝子パネル検査」（https://for-patients.c-cat.ncc.go.jp/）、「がんゲノム医療推進コンソーシアム運営会議」第1回（2018（平成30）年8月1日）資料1厚生労働省「がんゲノム医療推進に向けた取組」、新川監修・前掲注1）142 ～ 150 頁、コリンズ・前掲注1）138 ～ 185 頁。

子変異に起因する乳がんおよび卵巣がんをはじめとするがんの易罹患性症候群である遺伝性乳がん卵巣がん症候群（hereditary breast and ovarian cancer: HBOC）が挙げられる[5]。2013 年に米国の人気女優が、BRCA 1 の遺伝子変異が見つかったためにまだ乳がんを発症していない乳房について、予防的にリスク低減切除術を受けたことで話題となった。

(イ) がんゲノム医療の意義

　がんゲノム医療では、がん細胞のゲノムを調べて、どの遺伝子に変異が起こっているのかを把握し、それぞれの患者のがんがいかなる性質のがんなのか、いかなる治療法薬剤が適しているのかが検討される。例えば、日本人の肺がんの多くでは EGFR 遺伝子の変異が認められる。このようながんには、EGFR タンパク質に対する阻害薬（分子標的薬）の効果が高いため、EGFR 阻害薬を用いた治療が適することになる。

　従来は、がんの薬物療法は、がん種（臓器）ごとに承認された抗がん剤を用いた治療が中心であったが、2000 年代に入ると EGFR 阻害薬のように特定の遺伝子の変異を標的とした分子標的薬も使われるようになった。さらに、2010 年代に入ると特定の分子標的薬の効果を事前に把握するために、特定の遺伝子の変異を調べる検査として「コンパニオン診断」[6] が導入されるようになり、より効果的に分子標的薬が使えるようになった。EGFR 阻害薬の例でいうと、あらかじめ EGFR 遺伝子などの変異を調べるコンパニオン診断を行って、EGFR 阻害薬が効く可能性についての判断が行われる。さらにその後、検査技術の進歩により、数十から数百個の遺伝子の変異を一度に調べることのできる「がん遺伝子パネル検査」が開発され、医療機器の製造承認（4⑷(イ)参照）を経て、2019 年 6 月から保険適用（同⑸(ウ)参照）されるようになった。患

　5）　一般社団法人日本遺伝性乳癌卵巣癌総合診療制度機構編「遺伝性乳癌卵巣癌（HBOC）診療ガイドライン 2021 年版」I.1.1 ①参照。
　6）　コンパニオン診断薬とは、特定の医薬品の有効性や安全性を一層高めるために、その使用対象患者に該当するかどうか等をあらかじめ検査する目的で使用される診断薬をいう。

者個人あるいは疾患における遺伝子と医薬品の作用との関係を明らかにする研究は、ゲノム薬理学（pharmacogenomics）と呼ばれる[7]。

　がんゲノム医療の推進に向けては、2017 年 3 月から 5 月にかけ、がんゲノム医療推進コンソーシアム懇談会が催され、同年 6 月 27 日に「がんゲノム医療推進コンソーシアム懇談会報告書——国民参加型がんゲノム医療の構築に向けて」が公表されている。この報告書では、がんゲノム医療に必要となる機能や役割として、①がんゲノム医療を提供する医療機関、②がんゲノム医療情報の集約・管理・利活用推進機関、③質の確保された効率的なゲノム検査実施体制、④がんゲノム知識データベースの構築、⑤治験情報の集約と医師主導治験等の支援、⑥革新的診断法・治療法等を創出する仕組みなどについて検討が深められている。その後、2018 年 8 月から 2021 年 3 月にかけてがんゲノム医療推進コンソーシアム運営会議が催され、がんゲノム医療推進に向けた、より具体的な取組み等についての検討が行われた。

㈪　がんゲノム医療の流れと遺伝子パネル検査

　がんゲノム医療は、①患者への説明、②検体の準備、③がん遺伝子パネル検査、④検査レポート作成、⑤エキスパートパネルの開催、⑥患者への検査結果の説明、⑦検査結果に基づく治療という流れで行われる。

　上記①患者への説明に当たっては、国立がん研究センターから「がん遺伝子パネル検査に関する説明文書（モデル文書）」（第 1 版）が公表されている。がん遺伝子パネル検査を保険診療で受けるためには、標準治療がない固形がん患者または局所進行もしくは転移が認められ標準治療が終了となった固形がん患者（終了が見込まれる者を含む）であることが要件となる（4⑸㈪参照）。そのため、どの段階で標準治療が終了（終了見込み）となるのかなどを担当医が見極めたうえで、当該患者ががん遺

---

7)　遺伝子と医薬品の作用の関係には、医薬品の治療効果のみならず、医薬品の副作用（の低減効果）も含まれる（田村研治「個別診療分野における遺伝学的診断の進歩 ファーマコジェノミクス」日本医師会雑誌 152 号・特別号(1)「遺伝を考える」（2023 年）132 〜 135 頁参照）。

伝子パネル検査を受けられるか否かが判断される。

　上記②検体の準備、③がん遺伝子パネル検査、④検査レポート作成は、実際に検査を行うプロセスである。

　上記⑤エキスパートパネルとは、がん遺伝子パネル検査の結果を医学的に解釈するための多職種による検討会のことをいう。(i)がん薬物療法に関する専門的な知識および技能を有し、診療領域の異なる常勤の複数名の医師、(ii)遺伝医学に関する専門的な知識および技能を有する1名以上の医師、(iii)遺伝カウンセリング技術を有する1名以上の者、(iv)病理学に関する専門的な知識および技能を有する常勤の1名以上の医師、(v)分子遺伝学やがんゲノム医療に関する十分な知識を有する1名以上の専門家などから構成される[8]。効果が期待できる薬剤がある場合は臨床試験などを含めてその薬剤の使用が検討され、そうでない場合にはほかの治療が検討される。

　上記⑥患者への検査結果の説明に際しては、エキスパートパネルが作成したレポートが担当医に返却され、担当医が結果を患者へ説明し、治療方針を提案する。

　上記⑦検査結果に基づく治療に関して、2019年6月1日から2022年6月30日までの期間にC-CAT調査結果（(オ)参照）が返却された症例に基づく厚生労働省の調査によると、がん遺伝子パネル検査を実施し、エキスパートパネルで提示された治療薬を投与した症例の割合は9.4%であったとされる[9]。

㈗　がんゲノム医療の提供体制

　保険診療によるがん遺伝子パネル検査は、国が指定した医療機関で受けることができる。2024年7月1日時点で、がんゲノム医療中核拠点

8）　厚生労働省「エキスパートパネルの実施要件について」（令和4年3月3日健がん発0303第1号。2024（令和6）年2月27日一部改正）2項。

9）　がんゲノム医療中核拠点病院等の指定に関する検討会第5回（2023（令和5）年3月15日）参考資料3厚生労働省健康局がん・疾病対策課「がんゲノム医療中核拠点病院等の指定について」27〜28頁。

病院が 13 施設、がんゲノム医療拠点病院が 32 施設、がんゲノム医療連携病院が 221 施設指定されている。各病院の役割は、以下のとおりである。

---

① がんゲノム医療中核拠点病院
　診療、臨床研究、治験、新薬など研究開発を行うとともに、がんゲノム医療に関わる人材育成を担う。他施設と連携しながら、がん遺伝子パネル検査を含むがんゲノム医療を提供する。
② がんゲノム医療拠点病院
　がんゲノム医療中核拠点病院と連携しながら、がんゲノム医療を提供する。独自にエキスパートパネルを実施し、患者に説明できる。
③ がんゲノム医療連携病院
　がんゲノム中核拠点病院や拠点病院と連携し、中核拠点病院や拠点病院が実施するエキスパートパネルに参加し、患者に説明できる。2024 年度からは指定を受けた施設でも独自にエキスパートパネルを実施できるようになった。

㋔ がんゲノム情報管理センター（C-CAT）の役割

　2018 年 6 月、国立がん研究センター内に、がんゲノム情報管理センターが設置された。がんゲノム情報管理センターは、がんゲノム医療中核拠点病院・拠点病院・連携病院で行われた患者のゲノム解析の結果得られる配列情報および診療情報を、集約・保管、利活用するための機関である。その英語名 Center for Cancer Genomics and Advanced Therapeutics の頭文字から、略称で「C-CAT」（シー・キャット）とも呼ばれる。

　C-CAT の主な役割として、以下の三つの役割が掲げられる。

---

① 患者のゲノム解析の結果得られる配列情報および診療情報を集約・保管したがんゲノム知識データベースを管理・運営すること。
② がんゲノム医療を行う病院とデータを共有し、がんゲノム医療の質の確保・向上に役立てること。具体的には、検査結果などの各患者の情報をがんゲノム知識データベースと照合することにより、各医療機関に各患者の治療方針の決定などに役立つ情報（「C-CAT 調査結果」と呼ば

れる）を提供する。患者は、C-CAT から C-CAT 調査結果を直接受け取ることはできないが、担当医を介して C-CAT の支援を受けることができる。

③　大学などの研究機関や製薬会社などの企業で行われる研究開発のための基盤を提供すること。C-CAT に集まったデータの一部は、患者による C-CAT へのデータ登録と研究機関への提供への同意を前提に、専門の審査会の審査を経たうえで、大学・企業などの研究機関に提供され、新しい治療薬などの研究開発のために用いられる。C-CAT が運営する「利活用検索ポータル」では、利活用同意された全国全ての C-CAT 登録症例について、診療情報や遺伝子変異情報の組み合わせ検索ができ、結果を閲覧、ダウンロードできる。

(5)　難病に関するゲノム医療

　難病とは、「発病の機構が明らかでなく、かつ、治療方法が確立していない希少な疾病であって、当該疾病にかかることにより長期にわたり療養を必要とすることとなるもの」と定義される（難病の患者に対する医療等に関する法律 1 条）。

　難病領域に関するゲノム医療の推進に向けた取組み等については、2019 年 10 月から 2021 年 2 月まで、難病に関するゲノム医療の推進に関する検討会において検討が進められた。

　2021 年 5 月には、2018 年度厚生労働科学研究費補助金難治性疾患等政策研究事業として「難病領域における検体検査の精度管理体制の整備に資する研究」（研究代表者：難波栄二）の報告書が公表された。この研究では、難病の遺伝学的検査実施の具体的方針を定めた「難病領域の診療における遺伝学的検査の指針」が策定された。この流れのなかで、指定難病の遺伝学的検査の保険収載が拡大され、遺伝子治療用医薬品が保険収載されるなど、難病の医療の充実が図られている。将来的には、全ゲノム解析等実行計画（(6)(ウ)参照）の実施なども通じて、全ての難病領域の疾患に対する遺伝子パネル検査等の保険収載が期待されている。

(6)　ゲノム医療における解析と研究基盤

　ゲノム医療の実現のためには、疾患とゲノム情報、遺伝子の発現に関

するタンパク質や代謝物の情報、環境要因等の相互関係を解析することが必要である。そのためには診療空間などとも連携した大規模なバイオバンク等の研究基盤が重要となり、近時は「全ゲノム解析等実行計画」の実施に向けた取組みも始まっている。

㈦　解析手法[10]

　疾患とゲノム情報等の相互関係については、ゲノム全体における遺伝子多型と特定の形質の関連を統計的に評価する解析手法がある。

　個人間のゲノムの違いとしての遺伝子多型（バリアント）のうち1％以上の頻度でみられる「1塩基多型」（single nucleotide polymorphism: SNP）については、多型情報をもとに作成されたゲノム全体をカバーする「アレイ解析」[11]（SNPアレイ）によって検出することが一般的である。

　より低頻度なバリアントを調べるために、「次世代シーケンシング」（next-generation sequencing: NGS）技術を用いて、エクソン領域を選択的に解析するエクソーム解析や（エクソン以外の領域も含めた）ゲノム全体を解読する「全ゲノム解析」（㈬参照）を行う研究も増えてきている。

　多因子疾患を主な対象として疾患関連遺伝子変異をゲノム全域から探索する手段として、「ゲノムワイド関連解析」（genome-wide association study: GWAS）が多く用いられている。標準的なGWASでは、ゲノム全域に分布するSNPをマーカーとし、特定の疾患・病態や形質を示す非血縁の症例（case）群と示さない対照（control）群を対象として比較される個々のSNPのアリル頻度の有意差として、疾患と関連する多型（バリアント）や疾患発症遺伝子が探索される。疾患に複数のSNPが関連している場合には、「polygenic score」（多型がもたらす推定効果量と多型の数の積を加算して得られる数値）を個人ごとに算出することで、

---

10)　参考文献：柴田龍弘「大規模ゲノム解析」前掲注7）日本医師会雑誌152号・特別号⑴67 ～ 70頁、徳永勝士「ゲノムワイド関連解析のマンハッタンプロット」同号7 ～ 10頁、新川監修・前掲注1）115 ～ 120頁。
11)　多数の微量なDNAを順番に固定し、そのうえで分子雑種形成を行う技術のことをいい、基盤となるDNAを順番に配列させることからアレイと呼ばれる。

遺伝的発症リスクを定量的に評価することができる。

㈣ バイオバンク、コホート等の研究基盤

バイオバンク[12]やコホート[13]等の研究基盤については、次世代医療のために各国で構築が進められている。例えば、英国では、2006 年から UK バイオバンクの構築が進められ、50 万人分の試料・情報の格納が完了したほか、2012 年からは、10 万人規模の希少疾患、がん等の患者のゲノム解析を目的とした 10 万ゲノム計画が開始された。米国では、2015 年から、100 万人規模のコホート計画を含む Precision Medicine Initiative（精密医療イニシアチブ）が開始された。こうした状況を踏まえ、日本では、2017 年 4 月から 6 月までゲノム医療実現のための研究基盤の充実・強化に関する検討会が催され、同年 7 月に「とりまとめ」が公表されている。とりまとめでは、ゲノム医療の実現に向けた研究基盤の取組状況を整理したうえで、研究基盤の充実・強化の在り方として、バイオバンク等の利活用促進方策、今後の疾患バイオバンク機能の在り方などが検討されている。

なお、ゲノム配列にはある程度集団ごとのパターンがあることから、日本人のゲノム解析に当たっては、日本人集団のゲノム頻度データを確認した方が海外のデータよりも有効性が高いとされている。日本における研究基盤として、例えば以下のものが挙げられる。

(A) バイオバンク・ジャパン（BBJ）[14]

文部科学省の支援の下、遺伝情報を基にしたオーダーメイド医療の実現を目指す国家的プロジェクトとして、2003 年、世界に先駆けて東京大学医科学研究所に開設された。オーダーメイド医療実現化プロジェク

---

12) バイオバンクとは、生体試料と関連情報を組織的に管理・保管等する仕組みをいう。
13) コホート（研究）とは、国内の一定の集団における、長期間にわたる健康・疾病状態の追跡研究をいう。一定の集団を対象に、ゲノム情報やオミックス情報、環境・生活習慣情報等をコホート研究の手法を使って統合解析する研究を、ゲノムコホート研究という。
14) BioBank Japan（https://biobankjp.org/#gsc.tab=0）。

ト（2003 年度〜2012 年度）、オーダーメイド医療の実現プログラム（2013年度〜2017 年度）を経て、計 51 疾患約 26.7 万人（約 44 万症例）の試料（DNA・血清）、臨床情報、ゲノムデータ・オミックスデータの利活用を促進し、活用するバイオバンクとして管理・運営されている。

(B) ナショナルセンター・バイオバンクネットワーク（NCBN）[15]

6 つの国立高度専門医療研究センター（NC）が「新たな医の創造」に向けて個々の疾患専門性を尊重しつつ、ネットワーク型・連邦型の組織形態で運営するバイオバンク事業である。6 つの拠点は、それぞれ次の重要な疾患群の試料および情報を取り扱う。

---

① 国立がん研究センター（NCC）：がんその他の悪性新生物
② 国立循環器病研究センター（NCVC）：循環器病
③ 国立精神・神経医療研究センター（NCNP）：精神・神経疾患等
④ 国立国際医療研究センター（NCGM）：感染症その他の疾患
⑤ 国立成育医療研究センター（NCCHD）：小児・産科疾患等
⑥ 国立長寿医療研究センター（NCGG）：加齢に伴う疾患

(C) 東北メディカル・メガバンク計画[16]

東北大学に 2012 年に設置された東北大学東北メディカル・メガバンク機構は、岩手医科大学の参画も受けて、宮城県および岩手県を中心とした 2011 年に起きた東日本大震災の被災地を含む地域の住民を対象として健康調査を実施するとともに、協力者の生体試料、健康情報、医療情報等を収集して 15 万人規模のバイオバンクを構築し、ゲノム情報等と併せて解析されている。

(ウ) 全ゲノム解析等実行計画

2019 年 6 月 21 日に閣議決定された「経済財政運営と改革の基本方針 2019」（骨太方針 2019）第 3 章 2.(2)①(ii)では、「ゲノム情報が国内に

---

15) National Center Biobank Network（https://ncbiobank.org/）。
16) 東北メディカル・メガバンク機構バイオバンク試料・情報関連「東北メディカル・メガバンク計画について」（http://www.dist.megabank.tohoku.ac.jp/project/）。

[図表 2-3]　ゲノム医療における診療空間と研究空間の連携

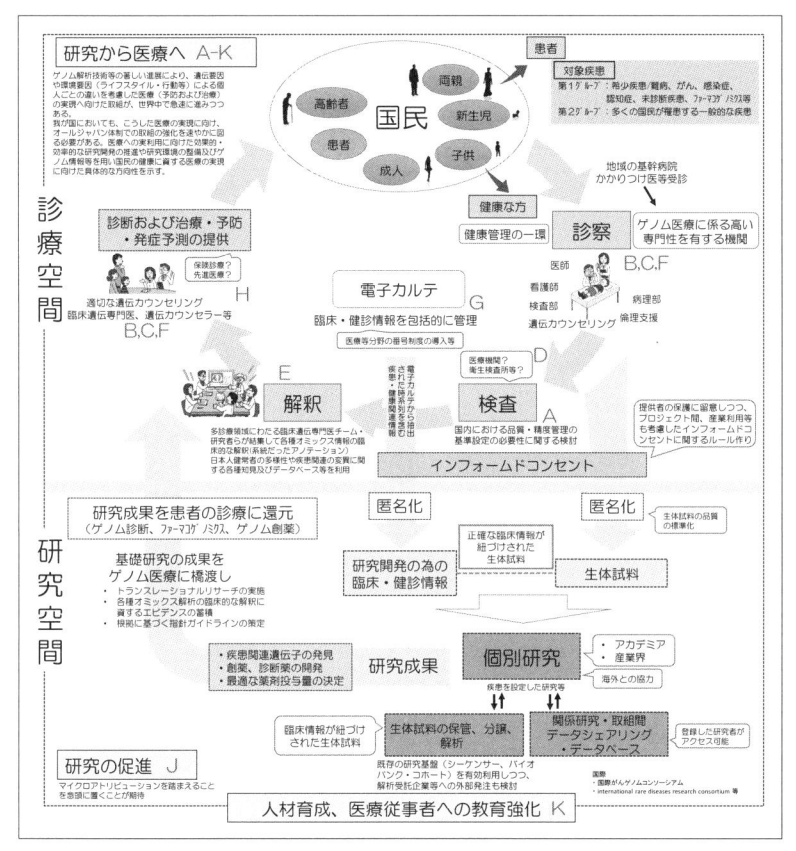

出典：ゲノム医療実現推進協議会「中間とりまとめ」（2015（平成27）年7月）別添1「ゲノム医療実現に向けた診療・研究体制（概念図）」。

蓄積する仕組みを整備し、がんの克服を目指した全ゲノム解析等を活用するがんの創薬・個別化医療、全ゲノム解析等による難病の早期診断に向けた研究等を着実に推進するため、10万人の全ゲノム検査を実施し今後100万人の検査を目指す英国等を参考にしつつ、これまでの取組みと課題を整理したうえで、数値目標や人材育成・体制整備を含めた具体的な実行計画を、2019年中を目途に策定する」とされた。

［図表 2-4］ 全ゲノム解析等の事業実施体制

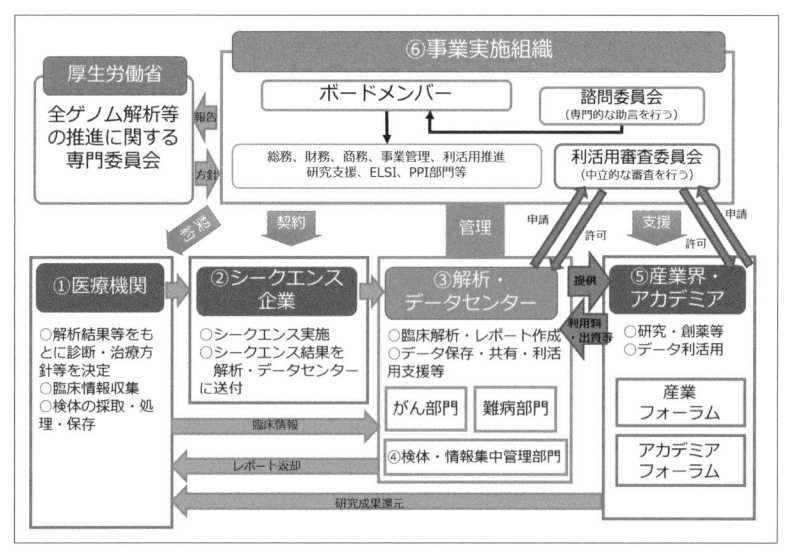

［図表 2-5］ 全ゲノム解析等の推進によって目指す医療の姿

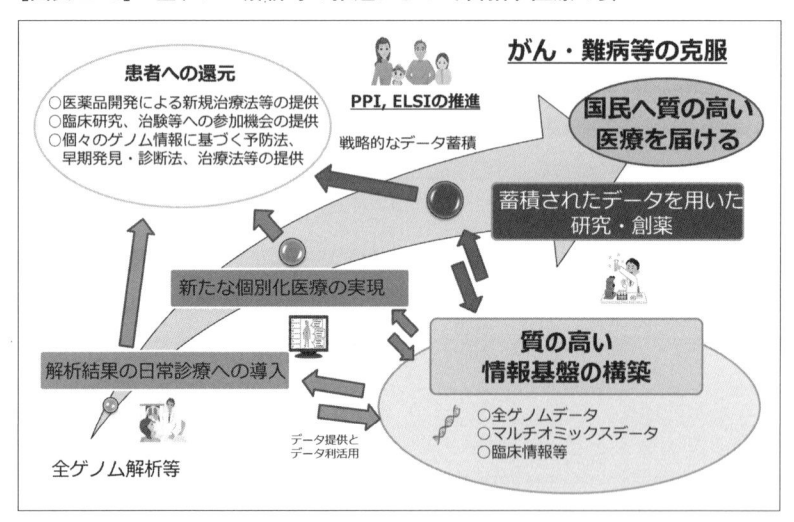

それまでの全ゲノム解析としては、①バイオバンク・ジャパン（(イ)(A)）において、がんや糖尿病、循環器疾患等延べ約 3,500 検体の全ゲノム解析等、②国立国際医療研究センター等（(イ)(B)）による臨床ゲノム情報統合データベース整備事業において、難病や認知症等約 2,000 検体の全ゲノム解析等、がんや難病等 1.9 万検体の全エクソーム解析、③東北メディカル・メガバンク計画（(イ)(C)）において、健常人（日本人一般集団）約 8,000 検体の全ゲノム解析等が実施されていた。しかし、全ゲノム解析等の対象が一部のがんや難病に限定されており、大規模な日本人の全ゲノム配列データベースが構築されていないこと、また、アカデミアや民間企業を対象としたデータ二次利活用が進んでおらず、創薬等の産業利用が進んでいないこと等が課題として指摘されていた。

　こうした状況を踏まえ、我が国においても、国家戦略として、一人ひとりにおける治療精度を格段に向上させ、治療法のない患者に新たな治療を提供する、といったがんや難病等の医療の発展や個別化医療の推進などを目的として、厚生労働省は 2019 年 12 月 20 日に「全ゲノム解析等実行計画（第 1 版）」を公表し、2022 年 9 月 30 日には「全ゲノム解析等実行計画 2022」を策定している。

　計画は、実施に当たっての基本的な方向性を厚生労働省の設置する専門委員会（厚生科学審議会科学技術部会全ゲノム解析等の推進に関する専門委員会）で決定し、事業実施組織がその具体的な運用を担い、医療機関やシークエンス企業、解析・データセンター、さらには産業界やアカデミアとも連携しつつ、患者還元やデータ利活用の促進を図ることされる。

　この一環として国立研究開発法人日本医療研究開発機構（AMED）では 2022 年度から、革新的がん医療実用化研究事業／難治性疾患実用化研究事業として、がん・難病全ゲノム解析等実行プログラムが開始されている。

(7)　ゲノム医療推進法

　2023 年に超党派の議員立法により、「良質かつ適切なゲノム医療を国民が安心して受けられるようにするための施策の総合的かつ計画的な

推進に関する法律」（令和5年法律第57号。「ゲノム医療推進法」）が成立し、2023年6月16日に公布・施行された。

　ゲノム医療は、個人の身体的な特性および病状に応じた最適な医療の提供を可能とすることにより国民の健康の保持に大きく寄与するものである。一方で、その普及に当たって個人の権利利益の擁護のみならず人の尊厳の保持に関する課題に対応する必要がある。そこで、良質かつ適切なゲノム医療を国民が安心して受けられるようにするための施策（ゲノム医療施策）に関し、基本理念を定め、国等の責務を明らかにするとともに、基本計画の策定その他ゲノム医療施策の基本となる事項を定めることにより、ゲノム医療施策を総合的かつ計画的に推進することが、この法律の目的である（ゲノム医療推進法1条）。

　ゲノム医療施策を策定・実施する責務は国や地方公共団体に課されており（ゲノム医療推進法4条、5条）、医師、医療機関その他の医療関係者、研究者および研究機関はそうした施策に協力するよう努めるものとされる（同法6条）。ゲノム医療の推進に向けた国の基本計画の策定に向けて、2023年12月から厚生労働省のゲノム医療推進法に基づく基本計画の検討に係るワーキンググループにおいて検討が進められている[17]。

　以下では、ゲノム医療推進法第3章に掲げられたゲノム医療の基本的施策を取り上げる。

㋐　ゲノム医療の研究開発・提供の推進

　国は、ゲノム医療の研究開発の推進を図るため、ゲノム医療に関し、研究体制の整備、研究開発に対する助成その他の必要な施策を講ずるとされている（ゲノム医療推進法9条）。また、ゲノム医療の提供の推進を

---

17)　日本医学会・日本医学会連合、および日本医師会は、ゲノム医療推進法の施行を受けて、2024年3月13日、ゲノム医療法の基本計画に組み入れるべき事項の案を作成し、日本医学会に所属する142分科会の意見を取り入れたうえでの提言「『良質かつ適切なゲノム医療を国民が安心して受けられるようにするための施策の総合的かつ計画的な推進に関する法律』に関する提言」を公表している。

図るため、ゲノム医療の拠点となる医療機関の整備、その医療機関と他の医療機関との連携の確保その他の必要な施策を講ずることとされている（同法 10 条）。

㈤　情報の蓄積、管理および活用に係る基盤の整備

国は、個人のゲノム情報およびその個人に係る疾患、健康状態等に関する情報を大量に蓄積し、管理し、および活用するための基盤の整備を図るため、①これらの情報およびこれに係る試料を大規模かつ効率的に収集し、適切に整理し、保存し、提供する体制の整備、②きわめて高度な演算処理を行う能力を有する電子計算機による情報処理システムの整備および的確な運用、③国際間における情報の共有の戦略的な推進その他の必要な施策を講ずる（ゲノム医療推進法 11 条）。

これは、⑹で述べたようなゲノム医療における解析や研究基盤の整備を図るための施策と位置付けることができる。ゲノム解析は膨大な情報処理を伴うことから、今後はクラウドやスーパーコンピュータの活用も含めた大規模ゲノム解析基盤を構築することが期待される[18]。

㈥　検査の実施体制の整備等

国は、ゲノム医療の提供に際して行われる個人の細胞の核酸に関する検査について、ゲノム医療を提供する医療機関およびその委託を受けた機関における実施体制の整備およびその検査の質の確保を図るために必要な施策を講ずることとされている（ゲノム医療推進法 12 条）。

ヒトゲノムの検査においては、正確性・信頼性・質・安全性を確保す

---

18)　国立大学法人東京大学医科学研究所附属ヒトゲノム解析センターは、ゲノム情報を用いた解析基盤強化のため、株式会社日立製作所が構築したデータサイエンスコンピューティングシステム Shirokane7 を稼働している。2024 年から稼働が開始した最新の Shirokane7 については、同研究所「東大医科研ヒトゲノム解析センターがゲノム研究に最適なデータサイエンスコンピューティングシステム Shirokane7 を稼働 ―― 最先端の解析資源と大量データの長期保存環境を融合した次世代生命科学データ解析基盤を実現」（https://www.ims.u-tokyo.ac.jp/imsut/jp/about/press/page_00279.html）参照。

るために必要な措置を講ずる必要があるとの原則（国際宣言 15 条。第 1 章 2 ⑹参照）に基づくものといえる。遺伝子関連検査の精度確保については、4 ⑶で述べる。

㈎　相談支援に関する体制の整備

　国は、ゲノム医療の提供を受ける者またはその研究開発に協力してゲノム情報もしくはこれに係る試料を提供する者に対する相談支援の適切な実施のための体制の整備を図るため、これらの者の相談に応じ、必要な情報の提供、助言その他の支援を行う仕組みの整備、その相談支援に関する専門的な知識および技術を有する者の確保その他の必要な施策を講ずることとされている（ゲノム医療推進法 13 条）。

　ゲノム医療の対象者および血縁者等は、検査等の結果を知りもしくは伝えられるに当たって、遺伝カウンセリングを含む適切な社会的・心理的支援を受けることができるようにする必要があるとの原則（基本原則第 19、国際宣言 11 条。第 1 章 2 ⑷参照）に基づくものといえる。

㈭　生命倫理への適切な配慮の確保

　国は、ゲノム医療の研究開発および提供の各段階において生命倫理への適切な配慮がなされることを確保するため、医師等および研究者等が遵守すべき事項に関する指針の策定その他の必要な施策を講ずることとされている（ゲノム医療推進法 14 条）。

　この点は、出生前・着床前遺伝学的検査（4 ⑴㈭㈮参照）、遺伝子治療（5 参照）、ヒト受精胚等のゲノム改変（6 参照）で特に問題となりやすい。

㈮　ゲノム情報の適正な取扱いの確保

　国は、ゲノム医療の研究開発および提供の推進に当たっては、生まれながらに固有で子孫に受け継がれ得る個人のゲノム情報について、その保護が図られつつ有効に活用されることが重要であることを踏まえ、ゲノム医療の研究開発および提供において得られたゲノム情報の取得、管理、開示その他の取扱いが適正に行われることを確保するため、医師等

および研究者等が遵守すべき事項に関する指針の策定その他の必要な施策を講ずることとされている（ゲノム医療推進法15条）。

ゲノム情報は機密性を保持したうえで厳重に保管され、漏洩防止のための措置が講じられなければならないとの原則（基本原則第11、第12、世界宣言7条、国際宣言14条。**第1章2(1)参照**）に基づくものといえる。次の2で述べるゲノム情報の個人情報保護法に定められる取扱い、3で述べる生命・医学系指針に定められる個人情報の取扱いも、こうした原則に基づくものと評価できる。

(キ)　差別等への適切な対応の確保

国は、ゲノム医療の研究開発および提供の推進に当たっては、生まれながらに固有で子孫に受け継がれ得る個人のゲノム情報による不当な差別その他ゲノム情報の利用が拡大されることにより生じ得る課題（差別等）への適切な対応を確保するため、必要な施策を講ずることとされている（ゲノム医療推進法16条）。

ゲノム情報は人としての多様性を示す基盤であり、ヒトゲノム研究・事業等の対象者は、検査等の結果明らかになった自己のゲノム情報が示す遺伝的特徴を理由にして差別されてはならないとの原則（基本原則第16、世界宣言6条。**第1章2(7)参照**）に基づくものといえる。この点はゲノム医療に限らず問題となるため、**第5章**で詳述する。

(ク)　医療以外の目的で行われる核酸に関する解析の質の確保等

国は、ゲノム医療に対する信頼の確保を図り、併せて国民の健康の保護に資するため、医療以外の目的で行われる個人の細胞の核酸に関する解析（その結果の評価を含む）についても、科学的知見に基づき実施されるようにすることを通じてその質の確保を図るとともに、その解析に係る役務の提供を受ける者に対する相談支援の適切な実施を図るため、必要な施策を講ずることとされている（ゲノム医療推進法17条）。

「医療以外の目的で行われる個人の細胞の核酸に関する解析」としては、特に、**第3章**で述べる消費者向け（DTC）遺伝子検査が問題となる。

2　ゲノム情報の個人情報保護法における取扱い

Point

　　ゲノム情報は機密性を保持したうえで厳重に保管され、漏洩防止のための措置が講じられなければならない（基本原則第 11、12、世界宣言 7 条、国際宣言 14 条、**第 1 章 2**⑴参照）。2023 年に成立したゲノム医療推進法 15 条では、「国は、ゲノム医療の研究開発及び提供の推進に当たっては、生まれながらに固有で子孫に受け継がれ得る個人のゲノム情報について、その保護が図られつつ有効に活用されることが重要であることを踏まえ、ゲノム医療の研究開発及び提供において得られた当該ゲノム情報の取得、管理、開示その他の取扱いが適正に行われることを確保するため、医師等及び研究者等が遵守すべき事項に関する指針の策定その他の必要な施策を講ずるものとする」と定められている[19]（**1**⑺㋕参照）。

　　このようなゲノム情報の取得、管理、開示その他の適正な取扱いを義務付ける法律として、個人情報保護法がある。

　　ゲノム情報が個人と紐づく形で事業者により管理される場合に、「個人

---

[19]　ゲノム医療推進法の施行を受けて、日本医学会・日本医学会連合、および日本医師会が 2024 年 3 月 13 日に公表した提言（前掲注 17）)は、「改正個人情報保護法により、ゲノム情報とそれに紐づく臨床情報の取り扱いが極めて難しく、医学研究、さらには診療をも阻害している。現行法を一部阻却しゲノムデータの研究並びに臨床における利活用に関して必要な措置を講ずる特別法を制定すべきである。」「医療と学術研究、開発の循環において、情報の取扱いの差が大きく生じないようなルールの策定が必要である。」「改正個人情報保護法を、同意取得のみに頼らず、利活用の用途や様態で規制していく抜本的な変革を行うことにより、ゲノム研究やゲノム医療の推進のために多様な個人情報をゲノム情報と結びつけて利活用することを可能とすることが必要である。その際、出口規制を強化し、不適切な利用に対する厳罰化を検討すべきである」といった提言を行っている。

情報」に該当することは当然である。そうでなくとも、「ゲノムデータ（細胞から採取されたデオキシリボ核酸（別名DNA）を構成する塩基の配列を文字列で表記したもの）のうち、全核ゲノムシークエンスデータ、全エクソームシークエンスデータ、全ゲノム1塩基多型（single nucleotide polymorphism: SNP）データ、互いに独立な40箇所以上のSNPから構成されるシークエンスデータ、9座位以上の4塩基単位の繰り返し配列（short tandem repeat: STR）等の遺伝型情報により本人を認証することができるようにしたもの」は、個人識別符号として「個人情報」に該当する。

　遺伝子検査により判明する情報のなかに含まれる、差別偏見につながり得るもの（例：将来発症し得る可能性のある病気、治療薬の選択に関する情報等）は、「要配慮個人情報」に該当し得る。「要配慮個人情報」に該当すると、その取得には、原則として本人の同意が必要であり、オプトアウトによる第三者提供は認められないなどの特別な規律の適用を受ける。

　個人情報保護法には学術研究目的の例外規定が設けられているが、その例外規定により個人情報保護法の適用除外とされる場合であっても、ヒトゲノムを取り扱う研究は、次の3で述べる生命・医学系指針の適用を受け、そのなかに個人情報に関する定めがある。

　個人情報保護法については、医療分野のガイダンスとして、「医療・介護関係事業者における個人情報の適切な取扱いのためのガイダンス」が定められている。同ガイダンスには、遺伝情報を診療に活用する場合の取扱いとして、国際宣言等を参考にすることや遺伝カウンセリングの実施が定められている。

(1)　ゲノム情報とは（「ゲノムデータ」「ゲノム情報」「遺伝情報」の用語の整理）

　ゲノム情報を用いた医療等の実用化推進タスクフォース「ゲノム医療等の実現・発展のための具体的方策について（意見とりまとめ）」(2016（平成28）年10月19日）Ⅱ.1. では、以下のとおり、「ゲノムデータ」「ゲノム情報」「遺伝情報」との用語について概念整理されている。「ゲノム情報」を「遺伝情報」を包含する概念として捉えたうえで、さらに、塩基配列を文字列で表記した生の「ゲノムデータ」とは区別する考え方で

ある。

> ・ ゲノムデータ：塩基配列を文字列で表記したもの
> ・ ゲノム情報：塩基配列に解釈を加え意味を有するもの
> ・ 遺伝情報：ゲノム情報のなかで子孫へ受け継がれるもの

　もっとも、上記の概念整理は未だ十分に確立した整理とはいえない。2013 年に成立したゲノム医療推進法（1 (7)参照）では、「ゲノム情報」は「人の細胞の核酸を構成する塩基の配列若しくはその特性又は当該核酸の機能の発揮の特性に関する情報」と定義されており（ゲノム医療推進法 2 条 2 項）、これは上記で定められるところの「ゲノムデータ」（塩基配列）も包含すると考えられる。

　本書においても、上記の区分は意識しつつも、ゲノム医療推進法の定義に倣って基本的には「ゲノム情報」を最も包摂的な概念として用いている。ただし、従来は、「遺伝情報」という言葉が比較的多く用いられていたこともあり、かつての議論やガイドライン等における固有の表記等に触れる際には、「遺伝情報」といった言葉を用いることもある。

[図表 2-6]　ゲノムデータ・ゲノム情報・遺伝情報の関係

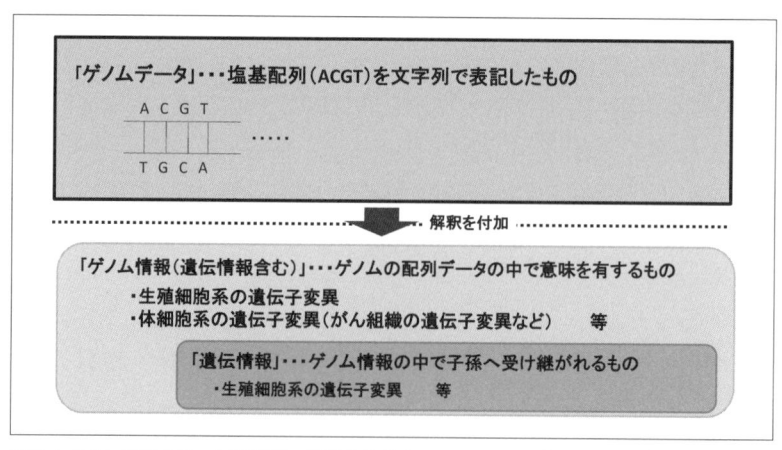

出典：ゲノム情報を用いた医療等の実用化推進タスクフォース「ゲノム医療等の実現・発展のための具体的方策について（意見とりまとめ）」(2016 (平成 28) 年 10 月 19 日) 28 頁別紙 1。

(2) 個人情報保護法における取扱い

㋐ 個人情報（個人識別符号）への該当性

個人情報保護法にいう「個人情報」には、「当該情報に含まれる氏名、生年月日その他の記述等……により特定の個人を識別することができるもの」（個人情報保護法2条1項1号）に加えて、「個人識別符号」（同項2号）が含まれる。

「個人識別符号」は個人情報保護法施行令1条に定められているが、そのなかには、「細胞から採取されたデオキシリボ核酸（別名DNA）を構成する塩基の配列」のうち「電子計算機の用に供するために変換した文字、番号、記号その他の符号であって、特定の個人を識別するに足りるものとして個人情報保護委員会規則で定める基準に適合するもの」が含まれる（個人情報保護法施行令1条1号イ）。

これに該当するものとして、個人情報保護委員会の定める個人情報の保護に関する法律についてのガイドライン（通則編）（2016（平成28）年11月）2-2イでは、「ゲノムデータ（細胞から採取されたデオキシリボ核酸（別名DNA）を構成する塩基の配列を文字列で表記したもの）のうち、全核ゲノムシークエンスデータ、全エクソームシークエンスデータ、全ゲノム1塩基多型（single nucleotide polymorphism: SNP）データ、互いに独立な40箇所以上のSNPから構成されるシークエンスデータ、9座位以上の4塩基単位の繰り返し配列（short tandem repeat: STR）等の遺伝型情報により本人を認証することができるようにしたもの」と定められている[20]。同ガイドライン上の「本人を認証することができるようにしたもの」との限定については、法令上の「電子計算機の用に供するために変換した」との要件との関連で挿入されており、例えば40箇所以上のSNPデータがあったとしても、それだけで当然に個人識別符

---

[20] どのようなゲノムデータであれば個人識別性があるかは、厚生労働行政推進調査事業費補助金 厚生労働科学特別研究事業「ゲノムデータの持つ個人識別性に関する研究」（平成28年度総括・分担研究報告書）（2017（平成29）年4月）（研究代表者：吉倉廣）で分析されていた。

号になるわけではなく、それらを整理・抽出するなどして照合の容易な別のデータ列を作成した場合にのみ個人識別符号となると考えられる[21]。

　この考え方に従えば、医療・医学研究の目的で用いられるゲノムデータは、通常は変換行為を欠いただけでは「個人識別符号」（個人情報保護法2条1項2号）に当たらないが、医療目的のゲノムデータの大半は本人の氏名等と紐付く形で保管されており、「当該情報に含まれる氏名、生年月日その他の記述等により特定の個人を識別することができるもの」（同項1号）として、いずれにしても「個人情報」に該当することになる[22]。一方、研究目的で取得されたゲノムデータは、必ずしも提供者の氏名等と紐付く形では保管されておらず、個人情報とならないゲノムデータが出現し得ることになる[23]。

(イ)　要配慮個人情報への該当性

「要配慮個人情報」は、「本人の人種、信条、社会的身分、病歴、犯罪の経歴、犯罪により害を被った事実その他本人に対する不当な差別、偏見その他の不利益が生じないようにその取扱いに特に配慮を要するものとして政令で定める記述等が含まれる個人情報」と定義されている（個人情報保護法2条3項）。

　個人情報保護法施行令2条各号は「記述等」の具体的内容を定めており、そのなかには、①本人に対して医師その他医療に関連する職務に従事する者（以下「医師等」という）により行われた疾病の予防および早期発見のための健康診断その他の検査（以下「健康診断等」という）の結果（個人情報保護法施行令2条2号）や、②健康診断等の結果に基づき、または疾病、負傷その他の心身の変化を理由として、本人に対して医師

---

21)　藤田卓仙ほか「遺伝／ゲノム情報の改正個人情報保護法上の位置づけとその影響」情報ネットワーク・ローレビュー15号（2017年）68頁。
22)　米村滋人「ゲノムデータの法規制に関する現状と課題」ジュリ1559号（2021年）38頁。
23)　米村・前掲注22）40頁脚注11。

等により心身の状態の改善のための指導または診療もしくは調剤が行われたこと（同条3号）を内容とする記述等が含まれる。

遺伝子検査により判明する情報のなかに含まれる、差別偏見につながり得るもの（例：将来発症し得る可能性のある病気、治療薬の選択に関する情報等）は、こうした「要配慮個人情報」に該当し得る（個人情報の保護に関する法律についてのガイドライン（通則編）2-3（※））。一方、当初から研究目的で取得されたゲノムデータは要配慮個人情報に該当しない可能性が高い[24]。

「要配慮個人情報」に該当すると、その取得には、原則としてあらかじめ本人の同意を得ることが必要であり（個人情報保護法20条2項）、オプトアウトによる第三者提供は認められない（同法27条2項）といった特別な規律の適用を受ける。

(ウ)　学術研究目的の例外規定

かつて個人情報保護法は、学術研究機関等が学術研究目的で個人情報を取り扱う場合を一律に適用除外としていたが、2021（令和3）年個人情報保護法改正により、このような一律の適用除外が撤廃された。

もっとも、学術研究目的の個人情報の取扱いは、一般の民間事業者による個人情報の利用と比べ、個人の権利利益が侵害されるおそれが相当程度低下することとなる一方で、真理の発見・探求を目的とする学術研究における意義が認められる。そこで、①利用目的による制限、②要配慮個人情報の取得制限、③個人データの第三者提供の制限といった、研究データの利用や流通を直接制約し得る義務について、個人の権利利益を不当に侵害するおそれがある場合を除き、例外規定が設けられている（個人情報保護法18条3項5号・6号、20条2項5号・6号、27条1項5号～7号参照）[25]。

---

24)　米村・前掲注22）40頁脚注11。

25)　学術研究目的の例外規定については、解釈も含めて、個人情報保護委員会「学術研究分野における個人情報保護の規律の考え方（令和3年個人情報保護法改正関係）」（2021（令和3）年6月）が参考になる。

なお、学術研究目的の例外規定により個人情報保護法の適用除外とされる場合であっても、ヒトゲノムを取り扱う研究は、生命・医学系指針の適用を受け、そのなかに個人情報に関する定めがある（3参照）。

(3)　医療・介護関係事業者における個人情報の適切な取扱いのためのガイダンス

　個人情報保護法については、個人情報保護委員会により、2016年に個人情報の保護に関する法律についてのガイドラインが策定され、さらに、各分野に応じたガイドライン等も定められている。特に医療分野については、個人情報保護委員会・厚生労働省「医療・介護関係事業者における個人情報の適切な取扱いのためのガイダンス」（2017（平成29）年4月）が適用される。このガイダンスI.10では、遺伝情報を診療に活用する場合の取扱いが定められている。

　具体的には、国際宣言（第1章2参照）、生命・医学系指針（3参照）、遺伝学的検査・診断ガイドライン（4(1)参照）、遺伝子治療等臨床研究指針（5(3)参照）といった国際宣言や指針等を参考にして、遺伝学的検査等により得られた遺伝情報を取り扱う必要がある。

　また、検査の実施に同意している場合においても、その検査結果が示す意味を正確に理解することが困難であったり、疾病の将来予測性に対してどのように対処すればよいかなど、本人および家族等が大きな不安を持つ場合が多い。そのため、医療機関等が、遺伝学的検査を行う場合には、臨床遺伝学の専門的知識を持つ者により、遺伝カウンセリングを実施するなど、本人および家族等の心理的社会的支援（第1章2(4)参照）を行う必要がある。

3 生命・医学系指針

P_{oint}

　ヒトゲノムの研究に関しては、2001 年に「ヒトゲノム・遺伝子解析研究に関する倫理指針」（ゲノム指針）が策定されていたが、2021 年に「人を対象とする医学系研究に関する倫理指針」（医学系指針）と統合され、「人を対象とする生命科学・医学系研究に関する倫理指針」（生命・医学系指針）が策定された。

　これにより、生命・医学系指針は、ヒトゲノムの研究に限らず、全ての生命科学・医学系研究に適用されることになったが、そのなかには、ヒトゲノムの研究について特に留意すべき事項が含まれる。

　例えば、研究対象者に対する研究により得られた結果等の説明に当たっては、その研究実施に伴って二次的に得られた結果や所見、いわゆる二次的所見（secondary findings）・偶発的所見が含まれる。二次的所見・偶発的所見には、研究の過程において偶然見つかった、生命に重大な影響を及ぼすおそれのある情報であり、遺伝病への罹患等が含まれる。そのため、遺伝子検査の過程で、別の遺伝病への罹患等の情報が見つかった場合には、説明の対象となり得る。

　また、研究に係る相談実施体制等として、遺伝カウンセリングを実施する者や遺伝医療の専門家との連携が確保できるよう努める必要がある。

　生命・医学系指針は、ゲノム解析研究において重要なバイオバンクにも適用される。バイオバンクの場合、試料・情報の入手時には使われる研究が特定されず、広範かつ長期に及ぶ可能性があるため、インフォームド・コンセント手続ではその点を踏まえた同意の取得方法の検討が必要となる。

⑴ 生命・医学系指針の策定経緯（ゲノム指針と医学系指針の統合）

　ヒトゲノムを取り扱う研究については、生命・医学系指針の適用を受ける。

　かつては、「ヒトゲノム・遺伝子解析研究に関する倫理指針」（以下「ゲノム指針」という）が、「人を対象とする医学系研究に関する倫理指針」（以下「医学系指針」という）とは別に定められていた。ゲノム指針は、基本原則（第1章2参照）に示された原則に基づき、また、厚生科学審議

[図表2-7]　ゲノム指針と医学系指針の統合の基本的考え方

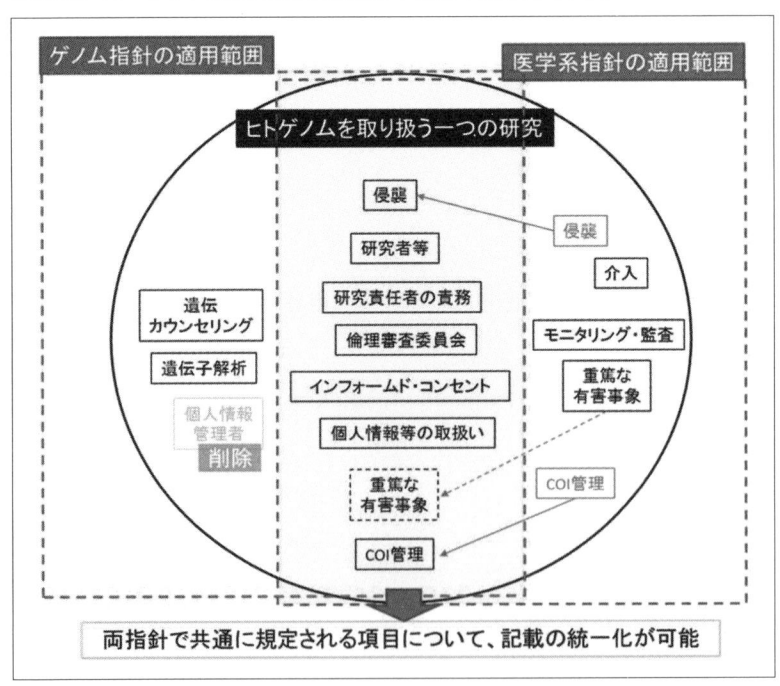

出典：文部科学省　研究振興局ライフサイエンス課生命倫理・安全対策室＝厚生労働省　大臣官房厚生科学課、医政局研究開発振興課＝経済産業省　商務・サービスグループ生命化学産業課「人を対象とする生命科学・医学系研究に関する倫理指針について（策定経緯及び医学系指針及びゲノム指針からの主な変更点）」(2021(令和3)年4月)5頁。

会先端医療技術評価部会「遺伝子解析研究に付随する倫理問題等に対応するための指針」（2000（平成 12）年 4 月 28 日）を参考にしつつ、「ヒトゲノム・遺伝子解析研究一般に適用されるべき倫理指針」として、2001 年に制定されたものであった。

その後、2018 年 8 月から 2020 年 9 月まで催された、医学研究等に係る倫理指針の見直しに関する合同会議において、医学系指針およびゲノム指針の両指針間の項目の整合性や指針改正の在り方について検討が行われ、両指針において共通して規定される項目を医学系指針の規定内容に合わせる形で統一することにより、両指針を統合することが可能であるという結論が得られた。そこで、両指針は廃止され、新たな指針として生命・医学系指針が制定された。この統合により、ヒトゲノム・遺伝子解析研究に係る特別な規定が基本的になくなったため、「遺伝子例外主義」（第 1 章 1 参照）が相対化されたとの分析がある[26]。

⑵　ヒトゲノムを取り扱う研究とのかかわり

生命・医学系指針の冒頭の用語の定義（生命・医学系指針第 1 章第 2 ⑴）では、指針適用を受ける「人を対象とする生命科学・医学系研究」の定義のなかに、「人由来の試料・情報を用いて、ヒトゲノム及び遺伝子の構造又は機能並びに遺伝子の変異又は発現に関する知識を得ること」を目的とする活動が含められている（同指針第 1 章第 2 ⑴イ）。

生命・医学系指針は、①研究者等の責務等（研究対象者等への配慮、教育・研修）、②研究機関の長の責務等（総括的な監督、体制・規程の整備等）、③研究の適切な実施等（研究計画書の作成等）、④インフォームド・コンセント等、⑤研究により得られた結果等の取扱い（結果等の説明）、⑥研究の信頼性確保（適切な対応と報告、利益相反の管理、試料および情報等の保管、モニタリングおよび監査）、⑦重篤な有害事象への対応、⑧倫理審査委員会、⑨個人情報等、試料および死者の試料・情報に係る基本的責

26）　米村滋人ほか「［座談会］ゲノムデータの利活用と法規制のあり方」ジュリ 1559 号（2021 年）27 頁〔山本龍彦発言〕。

務といった事項から構成される。

　特に⑤の研究により得られた結果等の取扱い（生命・医学系指針第5章）の第10「研究により得られた結果等の説明」に定められた(i)「研究により得られた結果等の説明に係る手続等」（同1）と(ii)「研究に係る相談実施体制等」（同2）については、ゲノム指針第3「提供者に対する基本姿勢」の11「遺伝情報の開示」[27]と12「遺伝カウンセリング」の規定をベースに定められたものである。こうした部分は、特にヒトゲノム固有の考慮が必要となる場合があることから、以下では、この部分に焦点を当てて解説する。

㋐　研究により得られた結果等の説明に係る手続等[28]
Ⓐ　説明方針の対象となる研究により得られる結果等

　研究責任者は、実施しようとする研究および研究により得られる結果等の特性を踏まえ、その研究により得られる結果等の研究対象者への説明方針を定め、研究計画書に記載しなければならない。その方針を定める際には、①その結果等が研究対象者の健康状態等を評価するための情

27）　ゲノム指針における「遺伝情報の開示」には、個人情報保護法に基づく「個人情報の開示」と解析によって得られた「健康に関係する遺伝情報の開示」の二つの意味が混在していたところ、前者については、個人情報保護法に基づく取扱い（2参照）に従うこととなった。生命・医学系指針第9章第18の1「個人情報等の取扱い」では、「研究者等及び研究機関の長は、個人情報の不適正な取得及び利用の禁止、正確性の確保等、安全管理措置、漏えい等の報告、開示等請求への対応などを含め、個人情報等の取扱いに関して、この指針の規定のほか、個人情報保護法に規定する個人情報取扱事業者や行政機関等に適用される規律、条例等を遵守しなければならない」と定められている。一方、後者については、本項で解説する生命・医学系指針第5章第10「研究により得られた結果等の説明」に引き継がれたといえる。医学研究等に係る倫理指針の見直しに関する合同会議タスクフォースでの議論も踏まえた分析を示すものとして、神里彩子「『人を対象とする生命科学・医学研究に関する指針』におけるゲノム研究の取扱い──ゲノム指針特有規定のその後」医事法研究6号（2022年）78～79頁参照。
28）　研究における個人の遺伝情報の結果返却については、「学際連携に基づく未来志向型ゲノム研究ガバナンスの構築」長神班別冊報告書「研究における個人の遺伝情報の結果返却　検討および留意すべき事項と今後の議論・検討に向けた課題に関する提言」（2019年3月）が公表されている。

報として、その精度や確実性が十分であるか、②その結果等が研究対象者の健康等にとって重要な事実であるか、③その結果等の説明が研究業務の適正な実施に著しい支障を及ぼす可能性があるか、との事項について考慮する必要がある。

「人を対象とする生命科学・医学系研究に関する倫理指針ガイダンス」（2021（令和3）年4月16日）第5章第10の2によれば、説明方針の対象となる「研究により得られる結果等」のなかには、その研究計画において明らかにしようとした主たる結果や所見のみならず、その研究実施に伴って二次的に得られた結果や所見、いわゆる二次的所見（secondary findings）・偶発的所見が含まれる。二次的所見・偶発的所見には、研究の過程において偶然見つかった、生命に重大な影響を及ぼすおそれのある情報として、例えば、遺伝病への罹患等が含まれる。そのため、遺伝子検査の過程で、別の遺伝病への罹患等の情報が見つかった場合には、説明の対象となり得る。

⒝　知らないでいる権利の尊重と血縁者等への情報開示

研究者等は、研究対象者からインフォームド・コンセントを受ける際には上記の研究により得られた結果等の説明に関する方針を説明し、理解を得なければならない。そのうえで、研究対象者がその研究により得られた結果等の説明を希望しない場合には、その意思を尊重しなければならない。自己のゲノム情報を知らないでいる権利（基本原則第14、国際宣言10条。第1章2⑵参照）を尊重した取扱いと評価できる。

ただし、研究者等は、研究対象者が研究により得られた結果等の説明を希望していない場合であっても、その結果等が研究対象者、研究対象者の血縁者等の生命に重大な影響を与えることが判明し、かつ、有効な対処方法があるときは、研究責任者に報告しなければならない。「その結果等が研究対象者、研究対象者の血縁者等の生命に重大な影響を与えること」には、遺伝子解析研究を行った結果が、家族性に発症する可能性が確実であり、かつ生命に重大な影響を与える可能性のある疾患である場合が含まれる（人を対象とする生命科学・医学系研究に関する倫理指針ガイダンス第5章第10の4）。研究責任者は、上記報告を受けた場合には、

研究対象者への説明に関して、説明の可否、方法および内容について、研究対象者および研究対象者の血縁者等の生命に及ぼす影響、有効な治療法の有無と研究対象者の健康状態、研究対象者の血縁者等が同一の疾患等に罹患している可能性、インフォームド・コンセントに際しての研究結果等の説明に関する内容といった観点を含めて考慮し、倫理審査委員会の意見を求めなければならない。研究者等は、この倫理審査委員会の意見を踏まえ、研究対象者に対し、十分な説明を行ったうえで、その研究対象者の意向を確認し、なお説明を希望しない場合には、説明してはならない。

　研究者等は、研究対象者の同意がない場合には、研究対象者の研究により得られた結果等を研究対象者以外の人に対し、原則として説明してはならない。ただし、研究対象者の血縁者等が、研究により得られた結果等の説明を希望する場合であって、研究責任者が、その説明を求める理由と必要性を踏まえ説明することの可否について倫理審査委員会の意見を聴いたうえで、必要と判断したときはこの限りでない。

　このように、研究対象者の同意がない場合でも、例外的に、研究対象者の研究により得られた結果等を研究対象者以外の人（血縁者等）に説明することが許容されるのは、ゲノム情報の血縁者間共有性から導かれる取扱いである[29]（基本原則第15第1項。**第1章2(3)参照**）。

(イ)　研究に係る相談実施体制等

　研究責任者は、研究により得られた結果等を取り扱う場合、その結果等の特性を踏まえ、医学的または精神的な影響等を十分考慮し、研究対

---

[29]　医師が遺伝性疾患のリスクを患者（本人）以外の血縁者（第三者）に開示すべきかという問題は、遺伝情報の特性の一つである血縁者共有性（**第1章1参照**）から生じる。米国ではこの問題に関する裁判例がいくつか出されており、開示義務を肯定する立場、否定する立場、限定的な場合（第三者がその情報を知るやむにやまれぬ必要がある場合）に限り本人に対する守秘義務が解除される（医師は開示する裁量を有する）とする立場などがある。詳細は、永水裕子「医師の情報秘匿義務と遺伝情報の家族への開示——アメリカ法を素材として」甲斐克則編『遺伝情報と法政策』（成文堂、2007年）153〜173頁参照。

象者がその研究に係る相談を適宜行うことができる体制を整備しなければならない。

　また、研究責任者は、体制を整備するなかで診療を担当する医師と緊密な連携を行うことが重要であり、遺伝情報を取り扱う場合にあっては、遺伝カウンセリングを実施する者や遺伝医療の専門家との連携が確保できるよう努めなければならない。「遺伝カウンセリング」とは、遺伝医学に関する知識およびカウンセリングの技法を用いて、研究対象者または研究対象者の血縁者に対して、対話と情報提供を繰り返しながら、遺伝性疾患をめぐり生じ得る医学的または心理的諸問題の解消または緩和を目指し、研究対象者または研究対象者の血縁者が今後の生活に向けて自らの意思で選択し、行動できるよう支援し、または援助することをいう（生命・医学系指針第 1 章第 2 ⑷）。

　このような遺伝カウンセリングを含めた相談実施体制等が求められるのは、研究対象者等に対する適切な社会的・心理的支援を行うためである（基本原則第 19、国際宣言 11 条。**第 1 章 2 ⑷参照**）。

⑶　バイオバンクの取扱い

　バイオバンクとは生体試料と関連情報を組織的に管理・保管等する仕組みをいい（1 ⑹⑷参照）、中長期的な研究目的で用いられるものとして、生命・医学系指針の適用を受けるのが通常である。

　特に試料・情報の入手時におけるインフォームド・コンセント手続（生命・医学系指針第 4 章第 8）が重要となるが、バイオバンクの場合には使われる研究が同意時点で特定されず、広範かつ長期に及ぶ可能性があることを踏まえた同意の取得方法の検討が必要となる[30]。この点については、インフォームド・コンセントにおける説明事項のなかに、「研究対象者から取得された試料・情報について、研究対象者等から同意を受ける時点では特定されない将来の研究のために用いられる可能性又は

---

30)　長神風二「バイオバンク運用におけるゲノムデータの利用」ジュリ 1559 号
　　（2021 年）43 ～ 44 頁参照。

他の研究機関に提供する可能性がある場合には、その旨、同意を受ける時点において想定される内容並びに実施される研究及び提供先となる研究機関に関する情報を研究対象者等が確認する方法」（同5㉑）が含められている。

　なお、バイオバンクについては、診療情報を患者の同意なく遺伝子解析研究を行う特定の企業の運営するデータベースに集積することを認める法律について争われた2003年のアイスランドの最高裁判決（Guðmundsdóttir v. The State of Iceland）がある。この事案では、原告の女性が死亡した父親の情報をデータベースに送らないことを求めたのに対して、最高裁は、原告は自身の立場において亡き父親の情報に関して利益を有するとし、情報を送ることについての拒否権が認められると判示した。ゲノム情報の血縁者間共有性（**第1章1**参照）を踏まえた他者情報の本人性の問題が一つの論点として現れた事案であるといえる[31]。

4　遺伝子関連検査に基づく診断・治療

Point

　医療における遺伝学的検査・診断について直接の法規制は存在しないが、実務上は、日本医学会から公表された「医療における遺伝学的検査・診断に関するガイドライン」（遺伝学的検査・診断ガイドライン）に従うことが重要になる。
　このガイドラインは、生来的に保有する遺伝学的情報（生殖細胞系列

---

[31]　判決の詳細や分析は、佐藤雄一郎「遺伝情報に関する一考察——アイスランド最高裁判決から」甲斐編・前掲注29）176頁参照。

の遺伝子解析より明らかにされる情報）を明らかにする「ヒト遺伝学的検査」を対象とするものである。具体的には、既に発症している患者の診断を目的として行われる遺伝学的検査、非発症保因者遺伝学的検査、発症前遺伝学的検査、新生児マススクリーニング検査、出生前遺伝学的検査、着床前遺伝学的検査、多因子疾患の遺伝学的検査（易罹患性診断）といった検査の類型ごとの留意点が示されている。

　遺伝学的検査に一般的に求められるものとして、検査の実施に当たっての、インフォームド・コンセント、遺伝カウンセリングを挙げることができる。一方、各検査に固有の観点として、例えば、出生前・着床前遺伝学的検査については、子供の選択や優生思想といった倫理上の懸念が生じることから、日本産科婦人科学会等関連学会の見解等の遵守が求められている。また、多因子疾患の遺伝学的検査（易罹患性診断）については、①その発症には複数の遺伝要因が複雑に関わること、②得られる結果は疾患発症に関わるリスク（確率）であること、③疾患発症と体質や特性には遺伝要因のみならず環境要因の関与もあり得ることなどの特性を踏まえ、特に、検査の分析的妥当性、臨床的妥当性、臨床的有用性などの科学的根拠を明確にする必要性が高いとされている。

　一方、がんゲノム医療において特に重要となる、がん細胞特有の遺伝子の構造異常等を検出する「ヒト体細胞遺伝子検査」は、原則として遺伝学的検査・診断ガイドラインの対象外となる。ただし、そうした検査においても、二次的所見（secondary findings）・偶発的所見として、生殖細胞系列の遺伝情報が含まれることがあり、その場合には遺伝学的検査・診断ガイドラインを参照する必要がある。

　いずれにしても、こうした遺伝子関連検査には精度の確保が求められ、医療法や臨検法は、病院や衛生検査所等における検体検査業務の精度管理基準を定めている。特に遺伝子関連・染色体検査の業務を実施するに当たっては、その精度の確保に係る責任者として、遺伝子関連・染色体検査の業務に関し相当の経験を有する医師もしくは臨床検査技師等を有することが求められている。

　遺伝子関連検査システム用いる DNA シークエンサー等については、薬機法上の医療機器の製造承認や保険適用も問題となる。がんゲノム医療の中核となる、数十から数百個の遺伝子の異常を一度に調べることのできる「がん遺伝子パネル検査」については、医療機器としての製造承認を経て、2019 年 6 月から保険適用されるようになった。

(1) 遺伝学的検査・診断ガイドライン

　医療における遺伝学的検査・診断について直接の法規制は存在しないが、日本医学会より医療における遺伝学的検査・診断に関するガイドライン（「遺伝学的検査・診断ガイドライン」）が公表されている。

　「遺伝子関連検査」とは、以下のとおり分類・定義される[32]。

---

① 病原体核酸検査
　ヒトに感染症を引き起こす外来性の病原体（ウイルス、細菌等、微生物）の核酸（DNA あるいは RNA）を検出・解析する検査
② ヒト体細胞遺伝子検査
　がん細胞特有の遺伝子の構造異常等を検出する遺伝子の解析および遺伝子発現解析等、疾患病変部・組織に限局し、病状とともに変化し得る一時的な遺伝子情報を明らかにする検査
③ ヒト遺伝学的検査
　単一遺伝子疾患の診断、多因子疾患のリスク評価、薬物等の効果・副作用・代謝の推定、個人識別に関わる遺伝学的検査などを目的とした、核およびミトコンドリアゲノム内の、原則的に生涯変化しない、その個体が生来的に保有する遺伝学的情報（生殖細胞系列の遺伝子解析より明らかにされる情報）を明らかにする検査

　遺伝学的検査・診断ガイドラインの主たる対象は、遺伝子関連検査のうち、上記③ヒト遺伝学的検査と、それを用いて行われる診断である（遺伝学的検査・診断ガイドライン1.）。このようにガイドラインの対象がヒト遺伝学的検査とされたのは、生殖細胞系列の遺伝子解析より明らかにされる情報は、(i)生涯変化しないこと、(ii)血縁者間で一部共有されていること、(iii)血縁関係にある親族の遺伝型や表現型が比較的正確な確率で予測できること、(iv)非発症保因者の診断ができる場合があること、(v)発症する前に将来の発症の可能性についてほぼ確実に予測することがで

---

32)　公益社団法人日本臨床検査標準協議会（Japanese Committee for Clinical Laboratory Standards: JCCLS）に設置された「遺伝子関連検査標準化専門委員会」の提言に基づく（遺伝学的検査・診断ガイドライン注1）。

きる場合があること、(vi)出生前遺伝学的検査や着床前遺伝学的検査に利用できる場合があること、(vii)不適切に扱われた場合には、被検者および被検者の血縁者に社会的不利益がもたらされる可能性があること、(viii)あいまい性（結果の病的意義の判断が変わり得ること等）が内在していることといった特性を十分考慮する必要があるためである（同ガイドライン2.）。

遺伝学的検査に一般的に求められるものとして、検査の実施に当たってのインフォームド・コンセント、遺伝カウンセリングを挙げることができる。遺伝カウンセリングは、疾患の遺伝学的関与について、その医学的影響、心理学的影響および家族への影響を人々が理解し、それに適応していくことを助けるプロセスであり、このプロセスには、ⓐ疾患の発生および再発の可能性を評価するための家族歴および病歴の解釈、ⓑ遺伝現象、検査、マネージメント、予防、資源および研究についての教育、ⓒインフォームド・チョイス（十分な情報を得たうえでの自律的選択）、およびリスクや状況への適応を促進するためのカウンセリング、などが含まれる。遺伝カウンセリングに関する基礎知識・技能については、全ての医師が習得しておくことが望ましい（遺伝学的検査・診断ガイドライン【注4】）。遺伝カウンセリングの専門医として「臨床遺伝専門医」制度、医師でない専門職として「認定遺伝カウンセラー」制度がある[33]。遺伝学的検査・診断を担当する医師および医療機関は、必要に応じて、医師・非医師の専門家による遺伝カウンセリングを提供するか、または紹介する体制を整えておく必要がある（同ガイドライン【注4】）。

以下では、遺伝学的検査・診断ガイドライン3.で示された、(i)既に発症している患者の診断を目的として行われる遺伝学的検査（(ア)）、(ii)非発症保因者遺伝学的検査（(イ)）、(iii)発症前遺伝学的検査（(ウ)）、(iv)新生児マススクリーニング検査（(エ)）、(v)出生前遺伝学的検査（(オ)）、(vi)着床前遺伝学的検査（(カ)）、(vii)多因子疾患の遺伝学的検査（易罹患性診断）（(キ)）

---

33) 一般社団法人日本遺伝カウンセリング学会「認定制度とは」（https://www.jsgc.jp/authorize.html）。

といった遺伝学的検査の類型ごとに意義および留意点を、日本医学会が公表しているガイドラインのQ&Aの内容も踏まえつつ解説する。

㋐ 既に発症している患者の診断を目的として行われる遺伝学的検査

既に発症している患者を対象とした遺伝学的検査は、主に、臨床的に可能性が高いと考えられる疾患の確定診断や、検討すべき疾患の鑑別診断を目的として行われる（遺伝学的検査・診断ガイドライン3-1)-(1)）。

㋑ 分析的妥当性、臨床的妥当性、臨床的有用性の確認

検査は、以下のような①分析的妥当性、②臨床的妥当性、③臨床的有用性を確認したうえで、臨床的および遺伝医学的に有用と考えられる場合に提案され、説明と同意のうえで実施する（遺伝学的検査・診断ガイドライン3-1)-(1)、【注3】）。

---

① 分析的妥当性

　検査法が確立しており、再現性の高い結果が得られるなど精度管理が適切に行われていることを意味しており、病的バリアント（変異）があるときの陽性率、病的バリアント（変異）がないときの陰性率、品質管理プログラムの有無、確認検査の方法などの情報に基づいて評価される。

② 臨床的妥当性

　検査結果の意味付けが十分になされていることを意味しており、感度（疾患があるときの陽性率）、特異度（疾患がないときの陰性率）、疾患の罹患率、陽性適中率、陰性適中率、遺伝型と表現型の関係などの情報に基づいて評価される。

③ 臨床的有用性

　検査の対象となっている疾患の診断がつけられることにより、患者・家族の疾患に対する理解、受容が進む、今後の見通しについての情報が得られる、適切な予防法や治療法に結びつけることができるなど、臨床上のメリットがあることを意味しており、検査結果が被検者に与える影響や効果的な対応方法の有無などの情報に基づいて評価される。

「病的バリアント（変異）」については、短縮型機能喪失バリアント、もしくはClin Varや公的データベース、American College of Medical Genetics（ACMG）のガイドラインにおいてpathogenicあるいは

likely pathogenic と見なされているバリアントと判断できることが原則とされる[34]。

(B) インフォームド・コンセントの取り方

遺伝学的検査・診断ガイドライン 3-1)-(1)では、以下のようなインフォームド・コンセントの取り方が示されている。

検査実施に際しては、検査前の適切な時期にその意義や目的の説明を行うことに加えて、結果が得られた後の状況、および検査結果が血縁者に影響を与える可能性があること等についても説明し、被検者がそれらを十分に理解したうえで検査を受けるか受けないかについて本人が自律的に意思決定できるように支援する必要がある。被検者の診断確定とは直接関係のないバリアントが検出され得る遺伝学的検査においては、検査を実施する前に、二次的所見（secondary findings）・偶発的所見が得られた場合の開示の方針を決めておき、十分な説明をしておくことが望まれる。十分な説明と支援の後には、書面による同意を得ることが推奨される。これら遺伝学的検査の事前の説明と同意・了解（成人におけるインフォームド・コンセント、未成年者等におけるインフォームド・アセント）の確認は、原則として主治医が行うとされる。

(C) 検査結果の伝え方

遺伝学的検査・診断ガイドライン 3-1)-(2)では、以下のような遺伝学的検査結果の伝え方が示されている。

検査結果の遺伝学的検査の結果は、一連の診療の流れのなかで診療記録に記載され、分かりやすく説明される必要がある。診断は遺伝学的検査の結果のみにより行われるのではなく、臨床医学的な情報を含め総合的に行われるべきである。遺伝学的検査の結果は、診断の確定に有用なだけではなく、これによってもたらされる遺伝型と表現型の関係に関する情報も診療上有用であることにも留意し、確定診断が得られた場合には、その疾患の経過や予後、治療法、療養に関する情報など、十分な情

---

34) 片岡圭亮「体細胞異常と生殖細胞系列バリアント」前掲注 7) 日本医師会雑誌 152 号・特別号(1) 43 頁参照。

報を提供することが重要であるとされる。

　次のような場合には、遺伝学的検査の結果を解釈し開示する際に、特段の注意が求められる。

> ①　新規のバリアントなどその病的意義を確定することが困難な場合
> ②　浸透率（変異を持つ者のうち疾患を発症する割合）が必ずしも100％ではないと考えられる場合
> ③　網羅的遺伝学的検査により臨床的有用性が確立していない遺伝子に病的バリアント（変異）が見つかった場合等

　上記のようなバリアントについては、その臨床的意義を慎重に判断する。また解釈が変わり得ることを考慮し、必要に応じて患者に説明する。網羅的遺伝学的検査において表現型から想定されていなかった目的外の遺伝子に病的バリアント（変異）が得られた場合には、臨床的有用性を考慮し、患者に結果開示の意思を確認したうえで、結果開示の実施を検討する。浸透率は低いが病的意義があると考えられる場合は、低浸透率についても十分に説明したうえで内容を伝えることとされている。

㈡　非発症保因者遺伝学的検査

　非発症保因者とは、常染色体潜性遺伝（劣性遺伝）疾患、X連鎖遺伝疾患、あるいは染色体均衡型転座などで、本人がその疾患を発症することはないが、生殖細胞系列での病的バリアント（変異）、あるいは染色体転座を有しており、その疾患に罹患した子が生まれてくる可能性のある人を意味する（日本医学会「医療における遺伝学的検査・診断に関するガイドライン」Q&A）。非発症保因者診断は本人の健康管理に必要ではないが、次子がその疾患を有する確率（再発率）を明らかにしたり、次子の出生前遺伝学的検査や着床前遺伝学的検査の実施の可能性を知るために行われることがある（同ガイドライン Q&A）。

　非発症保因者遺伝学的検査は、通常は疾患を発症せず治療の必要のない者に対する検査であり、原則的には、本人の同意が得られない状況での検査は特別な理由がない限り実施すべきではないとされる（遺伝学的検査・診断ガイドライン 3-2)-(1)）。

㈢　発症前遺伝学的検査

　発症前遺伝学的検査は、特定の遺伝性疾患（成人期発症の神経変性疾患、遺伝性腫瘍等）で、その時点ではまだ発症していない人が原因遺伝子の病的バリアント（変異）の有無から将来発症する可能性がどの程度あるかを調べる目的で行われるものである（医療における遺伝学的検査・診断に関するガイドライン Q&A）。遺伝学的検査・診断ガイドライン 3-2)-⑵では、以下の考え方が示されている。

　発症する前に将来の発症をほぼ確実に予測することを可能とする発症前遺伝学的検査においては、検査実施前に被検者が疾患の予防法や発症後の治療法に関する情報を十分に理解した後に実施する必要がある。浸透率が低い、あるいは不明な場合でも、何らかの医学的介入が臨床的に有用である可能性がある場合には、同様の対応を行う。結果の開示に際しては疾患の特性や自然歴を再度十分に説明し、被検者個人の健康維持のために適切な医学的情報を提供する。とくに、発症前の予防法や発症後の治療法が確立されていない疾患の発症前遺伝学的検査においては、検査前後の被検者の心理への配慮および支援は必須である。

㈣　新生児マススクリーニング検査

　新生児マススクリーニングは、新生児の先天性代謝異常等の疾患を発見するための検査である。新生児マススクリーニングにおける遺伝学的検査の実施に当たっては、検査の実施前に保護者に十分な説明を行うこと、検査陽性であった場合には専門医療施設において遺伝カウンセリングを行ったうえで、確定検査としての遺伝学的検査を実施すること、診断が確定した場合には、遺伝カウンセリングを含む、疾患・治療に関する情報提供を行い、疾患への対応支援することが必要であるとされる（遺伝学的検査・診断ガイドライン 3-2)-⑶）。

　「成育医療等の提供に関する施策の総合的な推進に関する基本的な方針」（2023（令和5）年3月22日閣議決定）Ⅱ2⑶では、乳幼児期における保健施策として、「新生児へのマススクリーニング検査の実施により先天性代謝異常等を早期に発見し、その後の治療や生活指導等につなげるなど、先天性代謝異常等への対応を推進する」とされている。

目的	フェニルケトン尿症等の先天性代謝異常、先天性副腎過形成症及び先天性甲状腺機能低下症は、放置すると知的障害などの症状を来すので、新生児について血液によるマススクリーニング検査を行い、異常を早期に発見し、その後の治療・生活指導等に繋げることにより生涯にわたって知的障害などの発生を予防することを目的とする。
実施主体	都道府県及び指定都市
検査機関	各都道府県又は指定都市の地方衛生研究所等の機関又は検査を適切に実施できる機関に委託する。
検査対象者	全ての新生児（出生後 28 日を経過しない乳児）
沿革等	1977（昭和 52）年度〜　都道府県指定都市を実施主体として国庫補助事業始（5 疾患を対象） 2001（平成 13）年度〜　検査費用を一般財源化（地方交付税措置） 2011（平成 23）年度〜　タンデムマス法導入及び対象疾患拡充に伴う所要財源を追加（19 疾患を対象） 2014（平成 26）年度　　全実施主体でタンデムマス法を導入 2017（平成 29）年度　　CPT-2 欠損症を対象疾患に追加（20 疾患を対象） 事業の適正な実施を図るため、技術的な助言を通知
実施主体による検査の実施等	実施主体は、 ・異常又は異常の疑いのある事例について、当該新生児の保護者に対し、医療機関を紹介する等、精密検査を受けるよう勧奨するとともに、診断結果の把握を行う。 ・患者台帳を作成する等により、継続的な治療が行われるよう、予後の把握に努める。 ・異常又は異常の疑いが認められた場合は、直ちに採血した医療機関等を通じ、専門医療機関の紹介等適切な措置をとり、中核市等の保健所へ連絡する等、事後指導に万全を期すよう配意する。 ・精度管理を実施し、検査機関に対し、必要な指導を行う。 ・検査の意義等が妊産婦に十分理解されるよう、周知徹底を図る。

検査対象疾患 （20疾患）	・内分泌疾患　（先天性甲状腺機能低下症、先天性副腎過形成症） ・アミノ酸代謝異常症　（フェニルケトン尿症、メープルシロップ尿症（楓糖尿症）、ホモシスチン尿症） ・糖代謝異常症　（ガラクトース血症） ・脂肪代謝異常　（MCAD欠損症、VLCAD欠損症、等） ・有機酸代謝異常　（メチルマロン酸血症、プロピオン酸血症、等）

出典：第2回こども家庭審議会成育医療等分科会（2023（令和5）年11月22日）資料1-4
こども家庭庁「新生児マススクリーニングについて」4頁を基に作成。

㈭　出生前遺伝学的検査

　出生前遺伝学的検査には、広義には羊水、絨毛、その他の胎児試料等を用いた細胞遺伝学的、遺伝生化学的、分子遺伝学的、細胞・病理学的方法、母体からの採取血で行う非侵襲的出生前検査（NIPT）、超音波検査などを用いた画像診断的方法などがある（遺伝学的検査・診断ガイドライン3-2)-⑷)。

㈠　「NIPT等の出生前検査に関する専門委員会」報告書

　出生前遺伝学的検査については、従来は日本産科婦人科学会より見解や指針が公表されていたが、2019年10月より厚生労働省の母体血を用いた出生前遺伝学的検査（NIPT）の調査等に関するワーキンググループで検討が開始され、2020年8月に課題をまとめた報告書が公表された。これを受けて、2020年10月よりNIPT等の出生前検査に関する専門委員会で検討が行われ、2021年5月にNIPT等の出生前検査に関する専門委員会報告書（以下㈭において「報告書」という）が公表された[35]。報告書のⅣでは、以下のとおり、出生前検査の意義とともに倫理的・社会的課題が示されている。

　まず、出生前検査については、妊婦およびそのパートナーが、出生前

---

35)　議論の経緯は、江澤佐知子「出生前検査をめぐる医事法の課題——新型出生前遺伝学的検査（NIPT）を中心として」医事法研究6号（2022年）28～33頁にまとめられている。

に胎児の疾患の有無等を把握することで、①子宮内での治療、あるいは出生後の早期の治療につなげることができる、②疾患に対応できる適切な周産期医療施設を選ぶことができ、緊急搬送や母子分離を回避することができる、③妊婦等が、生まれてくる子どもの疾患を早期に受容し、疾患や障害に詳しい専門家やピア（仲間、ここでは当事者同士を意味する）サポーター等による寄り添った支援を受けながら出生後の生活の準備を行うことができるという意義があることが示されている（報告書Ⅳ 1）。

　一方で、出生前検査により胎児に先天性疾患等が判明した際に妊婦等が意思決定を行うに当たって、医師から人工妊娠中絶を勧めていると捉えられる発言、逆に産んで育てるという選択肢を勧めているような発言があり、医師の考え方が妊婦等の自由な意思決定に少なからず影響を与えているのでは、との指摘がなされている。NIPT については、陽性と結果が出た場合、相当の高い割合で妊娠中断の判断がなされていることが報告されているが、このことは、妊婦等が自由な意思決定を行えるだけの正確かつ十分な情報が、社会全体で共有されるに至っていないこと、結果としてこれら情報を妊婦等が十分に得ることができず、熟慮の機会が得られていないことに関連するとの指摘があることも述べられている（報告書Ⅳ 2(1)）。

　また、出生前検査の検査結果を理由として人工妊娠中絶を行うことは、疾患やそれに伴う障害のある胎児の出生を排除することになり、ひいては障害のある者の生きる権利や生命、尊厳を尊重すべきとするノーマライゼーションの理念に反するとの懸念が表明されてきたことについても言及されている（報告書Ⅳ 2(2)）。疾患や障害が悪いものであり、それらを避けるために子どもを出生前検査・診断によって選びたい、選ぶべきだ、とする価値観が社会に定着するのではないかとの危惧がある。我が国においては旧優生保護法に基づき、優生手術が行われてきたことについて深い反省のもと、優生思想が入り込むことのないよう（**第 1 章 3 参照**）、細心の注意を払い、ノーマライゼーションの理念が社会に浸透するように努め、妊婦が社会的圧力を受けることなく、妊娠、出産について自由な意思決定をできるようにしなければならない。

こうした課題認識を踏まえて、報告書Ⅵでは、出生前検査について以下のような基本的考え方が示されている。

　　(a)　出生前検査の目的

　出生前検査は、胎児の状況を正確に把握し、将来の予測をたて、妊婦およびそのパートナーの家族形成の在り方等に関わる意思決定の支援を目的とする（報告書Ⅵ①）。ノーマライゼーションの理念を踏まえると、出生前検査をマススクリーニングとして一律に実施することや、これを推奨することは、厳に否定されるべきである（報告書Ⅵ②）。

　　(b)　情報提供・遺伝カウンセリング

　妊婦等が、出生前検査がどのようなものであるかについて正しく理解したうえで、これを受検するかどうか、受検するとした場合にどの検査を選択するのが適当かについて熟慮の上、判断ができるよう妊娠・出産・育児に関する包括的な支援の一環として、妊婦等に対し、出生前検査に関する情報提供を行うべきである（報告書Ⅵ③）。

　出生前検査は、その特性にかんがみて、受検する際には、十分な説明・遺伝カウンセリングを受けることが不可欠である（報告書Ⅵ④）。

　　(c)　支援・検査・サポート体制

　出生前検査は、妊娠・出産に関する包括的な支援の一環として提供されるべきものであることから、出生前検査は、いずれの検査手法についても、妊娠から出産に至る全過程において包括的に産科管理・妊婦支援を行う知識や技能、責任を有する産婦人科専門医の適切な関与のもとで実施されるべきである（報告書Ⅵ⑤）。一方で、受検前後の説明・遺伝カウンセリングを含め出生前検査を受検する妊婦等への支援は、産婦人科専門医だけで担うべきものではなく、小児科専門医や臨床遺伝専門医をはじめとした各領域の専門医、助産師、保健師、看護師、心理職、認定遺伝カウンセラー、社会福祉関連職、ピアサポーターなど多職種連携により行う必要がある（報告書Ⅵ⑥）。

　出生前検査の正確性を担保するため、出生前検査については、十分な知識経験を有する検査担当者により、常に適正な検査手順に基づいて行われる必要があり、検査分析機関等においては、定期的に検査分析機器

等の精度管理を行うなど、検査の質を確保する必要がある（報告書Ⅵ⑦）。

　出生前検査の受検によって胎児に先天性疾患等が見つかった場合の妊婦等へのサポート体制として、各地域において医療、福祉、ピアサポート等による寄り添った支援体制の整備等を図る必要がある（報告書Ⅵ⑧）。

(d)　認証制度

　出生前検査の実施体制については、検査実施のみならず妊婦等への事前の情報提供、遺伝カウンセリング・相談支援、検査分析機関の質の確保、検査後の妊婦へのサポートなど一体的な体制整備が不可欠であり、検査手法によっては、適正な実施体制を担保するために、認証制度を設ける必要がある（報告書Ⅵ⑨）。

　なお、認証制度については、報告書を踏まえて日本医学会により設置された出生前検査認証制度等運営委員会が策定した「NIPT 等の出生前検査に関する情報提供及び施設（医療機関・検査分析機関）認証の指針」（2022（令和4）年2月）に基づき、NIPT を実施する医療機関および検査分析機関が認証され、運用が開始されている。

(B)　出生前遺伝学的検査等に関する医師の責任が問われた裁判例

　医療者の過失で重篤な先天性障害を持つ子が生まれた場合に親が損害賠償を求める訴訟は、Wrongful Birth 訴訟と呼ばれる[36]。以下では、出生前検査や遺伝疾患に関する医師の助言・説明義務等が問われた裁判例を紹介する。

(a)　京都地判平成9年1月24日判時1628号71頁

　本件は、ダウン症候群に罹患する先天性異常児の両親である原告らが、同児の出産前に、担当医師が先天性異常児の出生前遺伝学的検査の一つである羊水検査の実施の依頼に応じず、また、適切な助言等をしなかったため、同児を出産するか否かの判断をするための検討の機会等を奪われ、精神的損害を被ったなどとして、担当医師および病院経営団体に対し、不法行為に基づき、慰謝料の支払いを請求した事案である。

---

36)　Wrongful Birth 訴訟に関連する裁判例を分析するものとして、江澤・前掲注35）42 ～ 46 頁がある。

裁判所は、原告の羊水検査の申し出に従って、羊水検査を実施して、出生前に胎児がダウン症であることが判明しても、人工妊娠中絶が可能な法定の期間を越えているから、原告らが出産するか否かについて検討する余地は既になかったとして、原告の羊水検査の申し出に応じなかった医師の措置が、出産するか否かを検討する機会を侵害したという原告らの主張を排斥している。そのうえで、以下の理由から、出産するか否かの検討の余地がない場合にまで、産婦人科医師が羊水検査を実施すべく手配する義務等の存在を認めることはできないなどとして、原告らの請求を棄却した。

- 　母体血液検査などの、障害児との確定診断には至らない程度の検査の実施の是非についても、倫理的、人道的な問題が指摘されているところである。これに比べ、羊水検査は、染色体異常児の確定診断を得る検査であって、現実には人工妊娠中絶を前提とした検査として用いられ、優生保護法が胎児の異常を理由とした人工妊娠中絶を認めていないのにもかかわらず、異常が判明した場合に安易に人工妊娠中絶が行われるおそれも否定できないことから、その実施の是非は、倫理的、人道的な問題とより深く関わるものであって、妊婦からの申し出が羊水検査の実施に適切とされる期間になされた場合であっても、産婦人科医師には検査の実施等をすべき法的義務があるなどと早計に断言することはできない。
- 　まして、人工妊娠中絶が法的に可能な期間の経過後に胎児が染色体異常であることを妊婦に知らせることになれば、妊婦に対し精神的に大きな動揺をもたらすばかりでなく、場合によっては違法な堕胎を助長するおそれも否定できないのであって、出産後に子供が障害児であることを知らされる場合の精神的衝撃と、妊娠中に胎児が染色体異常であることを知らされる場合の精神的衝撃とのいずれが深刻であるかの比較はできず、出産準備のための事前情報として妊婦が胎児に染色体異常がないか否かを知ることが法的に保護されるべき利益として確立されているとはいえない。

　本判決は、医師による羊水検査を実施すべく手配する義務等を否定する理由として、母体血液検査などとも比較ながら、羊水検査の倫理的問題、人道的な問題、妊婦に与える精神的衝撃を挙げている。このことは、出生前遺伝学的検査の倫理的問題等が、それに携わる医師の法的義務の存否にも影響を与え得ることを示している。

　本件は、原告らが、ペリツェウス・メルツバッヘル病（以下「PM 病」という）に罹患していた疑いのあった原告らの長男が被告開設の療育センターを受診していた時に、原告らが、担当医師らに対して、次の子供をもうけることについて質問したところ、担当医師らは、PM 病が典型的には伴性劣性遺伝の形式をとり、その場合、男子に二人に一人の確率で PM 病の子供が生まれ、女子に二人に一人の確率で PM 病の保因者の子供が生まれる危険性があるにもかかわらず、これを原告らに説明しなかった結果、PM 病に罹患した三男が生まれたとして、医師らの説明義務違反による使用者責任に基づき、被告に対し損害賠償を求めた事案である。

　裁判所は、長男の PM 病の原因としては、長男自身に生じた突然変異のほかに、母親が PM 病の保因者であり、その伴性劣性遺伝によることが有力なものとして考えられたものであるとしたうえで、既に長男に PM 病が発症しており、原告らが次子をもうけることについて不安を抱いて医師に質問をしたという事情のもとで、医師がした説明は、PM に罹患した子か生まれる可能性が著しく低いという誤解を与える不正確なものであり、当時の医学的知見に基づく正確な説明をすべき義務に反するものというべきであり、医師にはこの点において過失があるとして、損害賠償請求を認容した。

　また、損害については、原告らは、三男の扶養義務者であり、三男が生存し、かつ三男に対し扶義務を負う期間、三男が PM 病であるために要する介護費用等の特別な費用を共同して負担することとなるから、そのうちの相当のものは、医師の義務違反行為と相当因果関係のある損害と認めた。この特別な費用を損害として認めることは、三男が PM 病の患者として社会的に相当な生活を送るために、原告らが両親として物心両面の負担を引き受けて介護、養育している負担を損害として評価するものであり、三男の出生、生存自体を原告らの損害として認めるものではないから、三男の生を「負の存在」と認めることにつながり、社会的相当性を欠くということはできない（傍点は筆者）としている。

本判決は、妊娠前の医師の説明義務が問題となった事案であり、遺伝学的検査それ自体に関する説明義務が問題となった事案ではないが、遺伝疾患の保因者である子供が生まれる可能性について説明義務違反を肯定したものである。子供の介護費用等の損害を認めることがその子供の生を「負の存在」と認めることにはつながらないと明記している点は、遺伝疾患に対する社会の向き合い方を考えるうえでも参考になる[37]。

㋕　着床前遺伝学的検査

　着床前遺伝学的検査（PGT）では、体外受精・顕微授精の手技によって得られた胚の割球や栄養外胚葉細胞を検体とし、細胞遺伝学的検査や分子遺伝学的方法が用いられる。①重篤な遺伝性疾患を避ける目的のPGT-Mと、②不育症、不妊症を対象として染色体異数性、構造異常に由来する不均衡染色体を検査することによって流産を避ける目的のPGT-A、PGT-SRに分けられる（遺伝学的検査・診断ガイドライン3-2)-⑷)）。いずれについても、以下のとおり、日本産科婦人科学会より見解・細則等が示されている[38]。

⒜　重篤な遺伝性疾患を対象とした着床前遺伝学的検査（PGT-M）

　重篤な遺伝性疾患を対象とした着床前遺伝学的検査（PGT-M）に関して、日本産科婦人科学会より示されている見解・細則等は、以下のとおりである。

- ・　「重篤な遺伝性疾患を対象とした着床前遺伝学的検査」に関する見解
- ・　「重篤な遺伝性疾患を対象とした着床前遺伝学的検査」に関する細則
- ・　重篤な遺伝性疾患を対象とした着床前遺伝学的検査の見解・細則に関するQ＆A

　本検査の対象は、本検査を希望する夫婦の両者またはいずれかが重篤

---

37)　本裁判例の解説として、本田まり「判批」甲斐克則＝手嶋豊編『医事法判例百選〔第2版〕』（有斐閣、2014年）60〜61頁がある。

38)　各見解の内容や策定経緯を解説したものとして、石川友佳子「着床前遺伝学的検査に関する最近の動向」年報医事法学37号（2022年）224〜230頁がある。

な遺伝性疾患児が出生する可能性のある遺伝子変異または染色体異常を保因する場合に限られる（上記見解【4】1））。遺伝性疾患の重篤性の定義は、「原則、成人に達する以前に日常生活を強く損なう症状が出現したり、生存が危ぶまれる状況になり、現時点でそれを回避するために有効な治療法がないか、あるいは高度かつ侵襲度の高い治療を行う必要がある状態」とされる（同2））。本検査の実施に当たっては、事前に日本産科婦人科学会から施設認定を受けた施設が、同会への症例審査を申請し、検査実施を承認する学会判断を受けた後に、本検査を実施するART施設の倫理委員会での最終的な承認を受けなければならないとされている（上記見解【7】）。

重篤な遺伝性疾患の可能性が判明した場合には、夫婦に与える心理的な影響が大きいため、検査前のみならず、検査後解析結果の情報提供に際して改めて遺伝カウンセリングの実施が求められる（上記見解【6】）。

(B) 不妊症および不育症を対象とした着床前遺伝学的検査（PGT-A/PGT-SR）

不妊症および不育症を対象とした着床前遺伝学的検査は、着床前胚染色体異数性検査（PGT-A）と着床前胚染色体構造異常検査（PGT-SR）とに区分され、日本産科婦人科学会の細則では以下のとおり両者を区分して規定されている。

- 「不妊症および不育症を対象とした着床前遺伝学的検査」に関する見解
- 「不妊症および不育症を対象とした着床前胚染色体異数性検査（PGT-A）」に関する細則
- 「不妊症および不育症を対象とした着床前胚染色体構造異常検査（PGT-SR）」に関する細則
- 不妊症および不育症を対象とした着床前遺伝学的検査の見解、PGT-AおよびPGT-SRそれぞれの細則に関するQ&A

上記見解【1】では本検査の適切な実施に向けた要件が示されている。すなわち、本検査は不妊症および不育症に悩む夫婦が、妊娠成立の可能性の向上が期待できるあるいは流産の回避につながる可能性がある手段

の一つとして実施されるものであり、遺伝情報の網羅的なスクリーニングを目的としてはならない。

　本検査を用いて出生児の性別選択を行ってはならない。検査する遺伝学的情報は、不妊症、不育症の発症に関わる染色体異数性および染色体構造異常に限られる。目的以外の遺伝学的情報の解析は許されない、もしくは本検査を受ける夫婦に開示されない。そのため、性染色体に関する結果は原則として本検査を受ける夫婦に開示されないが、ただし、性染色体に何らかの異常が確認された場合にのみ開示が許容されるとされている。

　本法の実施に際しては、検査の実施前および検査結果が判明した胚の移植前のそれぞれの時点で遺伝カウンセリングの実施が求められる（上記見解【6】）。

㈩　多因子疾患の遺伝学的検査（易罹患性診断）

　多因子疾患（1⑴⑷参照）の発症予測等に用いられる遺伝学的検査には、以下のような特性があるため、検査を実施する場合には、その検査の分析的妥当性、臨床的妥当性、臨床的有用性（㋐Ⓐ参照）などの科学的根拠を特に明確にする必要がある（遺伝学的検査・診断ガイドライン 3-4)）。

- ・　多因子疾患の発症には複数の遺伝要因が複雑に関わること
- ・　得られる結果は、疾患発症に関わるリスク（確率）であること
- ・　遺伝型に基づく表現型の予測力が必ずしも高くないこと
- ・　疾患発症と体質や特性には遺伝要因のみならず、環境要因の関与もあり得ること
- ・　疾患により、遺伝要因や環境要因の寄与度は多様であること
- ・　多因子疾患の遺伝学的検査は、一般に因果ではなく相関を見ており、結果の臨床的意義が必ずしも明確ではないこと
- ・　多因子疾患の遺伝要因は祖先系集団ごとに少しずつ異なる場合があり、同じ検査を行っても個人間での結果の解釈は異なること
- ・　臨床的に多因子疾患だと考えられても、遺伝学的検査の結果、単一遺伝子疾患の病的バリアント（変異）がみつかることがあること

⑵　がん細胞の遺伝子検査

㋐　遺伝学的検査・診断ガイドラインの適用の有無（二次的所見・偶発的所見の取扱い）

　がん細胞特有の遺伝子の構造異常等を検出する解析（コンパニオン診断やがん遺伝子パネル検査の意義は、1⑷㋑参照）は、通常は「ヒト体細胞遺伝子検査」として、遺伝学的検査・診断ガイドラインの対象とはならない。

　ただし、がん細胞などで後天的に起こり次世代に受け継がれることのない遺伝子の変化・遺伝子発現の差異・染色体異常を明らかにするための検査・診断においても、二次的所見（secondary findings）・偶発的所見として、生殖細胞系列の遺伝情報が含まれることがあり、その場合には遺伝学的検査・診断ガイドラインを参照する必要がある（遺伝学的検査・診断ガイドライン 1.）。

　例えば、遺伝性乳がん卵巣がん症候群（HBOC）の原因遺伝子であるBRCA 1/2（1⑷㋐参照）の病的バリアントの有無に関する検査は、乳がん、卵巣がん、前立腺がん、膵がんに対する PARP 阻害薬（オラパリブ）使用の可否を決定するためのコンパニオン診断となっている[39]。そのため、がん遺伝子パネル検査により乳がん、卵巣がんだけでなく、他のがんに対して検査を行い腫瘍細胞における BRCA 1/2 の病的バリアントが検出された場合、遺伝学的検査を行うと生殖細胞系列の病的バリアントが高率に検出されて HBOC の診断に至ることがある（その場合には血縁者にも BRCA 1/2 の病的バリアントが潜在している可能性がある）。

㋑　遺伝子パネル検査のガイダンス等

　がん遺伝子パネル検査については、2017 年に日本臨床腫瘍学会・日本癌治療学会・日本癌学会より「次世代シークエンサー等を用いた遺伝

39）　以下、青木大輔＝小林祐輔「遺伝性乳がん卵巣がん症候群（HBOC）」前掲注7）日本医師会雑誌 152 号・特別号⑴ 140 頁。

腫瘍細胞のみを対象としたがん遺伝子パネル検査における二次
的所見の生殖細胞系列確認検査運用指針

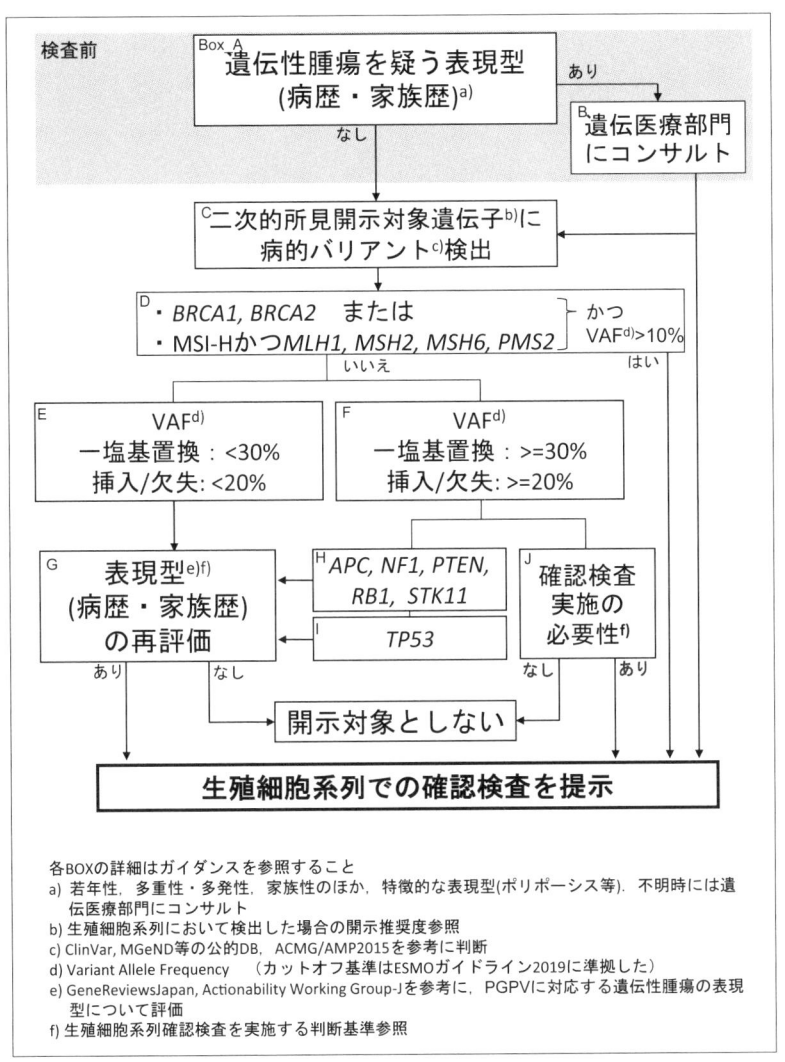

各BOXの詳細はガイダンスを参照すること
a) 若年性，多重性・多発性，家族性のほか，特徴的な表現型(ポリポーシス等)．不明時には遺伝医療部門にコンサルト
b) 生殖細胞系列において検出した場合の開示推奨度参照
c) ClinVar, MGeND等の公的DB，ACMG/AMP2015を参考に判断
d) Variant Allele Frequency （カットオフ基準はESMOガイドライン2019に準拠した）
e) GeneReviewsJapan, Actionability Working Group-Jを参考に，PGPVに対応する遺伝性腫瘍の表現型について評価
f) 生殖細胞系列確認検査を実施する判断基準参照

出典：「がん遺伝子パネル検査二次的所見検討資料 Ver 1.0」（2021 年 8 月 16 日）（https://www.amed.go.jp/content/000087774.pdf）5 頁。

子パネル検査に基づくがん診療ガイダンス」が公表されている（2020 年に第 2.1 版公表）。ここでは、二次的所見（secondary finding）・偶発的所見の開示について、①検査前に患者（および家族）に開示の希望の有無を確認しておく、②患者本人が結果を聞けない場合を想定し、二次的所見・偶発的所見の結果を家族に伝えるかどうかを検討する、③さらには開示希望の有無について結果開示の際に再度確認を行うことが推奨されるといった規律が定められている（同ガイダンス 2.6.3.3）。

　2020 年度厚生労働科学研究費補助金政策科学総合研究事業「国民が安心してゲノム医療を受けるための社会実現に向けた倫理社会的課題抽出と社会環境整備」（研究代表者：小杉眞司）からは、ゲノム医療におけるコミュニケーションプロセスに関するガイドラインとして「次世代シークエンサーを用いた生殖細胞系列網羅的遺伝学的検査における具体的方針」、がん遺伝子パネル検査二次的所見・偶発的所見検討資料として「腫瘍細胞のみを対象としたがん遺伝子パネル検査における二次的所見の生殖細胞系列確認検査運用指針」が公表されている。後者の指針は、検査の結果、生殖細胞系列由来である可能性が疑われる病的バリアント（Presumed Pathogenic Germline Variant: PGPV）が検出され、かつ生殖細胞系列由来であったとしたら臨床的に Actionable な可能性がある場合に、結果を開示し確認検査に進むことが推奨されるかどうかを判断するうえでの一つの参考資料とされる。

　遺伝子診療部門連絡会議が管理・運営する「Actionability サマリーレポート日本版」では、網羅的遺伝子解析によって遺伝性疾患の病的バリアントが検出された際、その病的バリアントによって引き起こされ得る症状と、それに対して実施可能な対応（治療、予防、サーベイランス）に関する情報が公表されている。

(3)　検査の精度確保

　ゲノム情報の検査等においては、正確性・信頼性・質・安全性を確保するために必要な措置を講ずる必要がある（国際宣言 15 条。**第 1 章 2 (6)** 参照）。

ゲノム情報を用いた医療等の実用化推進タスクフォースが 2016（平成 28）年 10 月 19 日に公表した「ゲノム医療等の実現・発展のための具体的方策について（意見とりまとめ）」（1 (3)参照）Ⅲ.1.(1)では、「遺伝子関連検査の品質・精度を確保するためには、遺伝子関連検査に特化した日本版ベストプラクティス・ガイドライン等、諸外国と同様の水準を満たすことが必要であり、厚生労働省においては関係者の意見等を踏まえつつ、法令上の措置を含め具体的な方策等を検討・策定していく必要がある」とされた。そこで、「医療法等の一部を改正する法律」（平成 29 年法律第 57 号）に基づく医療法（昭和 23 年法律第 205 号）や臨床検査技師等に関する法律（「臨検法」）の改正やそれに伴う施行規則改正により、ゲノム医療の実用化に向けた遺伝子関連検査の精度確保のために、医療機関や衛生検査所等における検体検査業務の精度管理基準の明確化が図られた。

　具体的には、病院、診療所または助産所（以下「病院等」という）の管理者は、その病院等において「検体検査」の業務を行う場合は、検体検査の業務を行う施設の構造設備、管理組織、検体検査の精度の確保の方法その他の事項を検体検査の業務の適正な実施に必要なものとして「厚生労働省令で定める基準」に適合させなければならない（医療法 15 条の 2 第 1 項）。「検体検査」の定義は、臨検法 2 条に定められており、「遺伝子関連・染色体検査」（臨検法施行規則 1 条 7 号）が含まれる。

　「厚生労働省令で定める基準」は、医療法施行規則 9 条の 7 に定められている。標準作業書（検査機器保守管理標準作業書、測定標準作業書）の常備、作業日誌（検査機器保守管理作業日誌、測定作業日誌）、台帳（試薬管理台帳、統計学的精度管理台帳、外部精度管理台帳）の作成に加えて、検体検査の精度の確保に係る責任者を有することが求められている（医療法施行規則 9 条の 7 第 1 号）。特に遺伝子関連・染色体検査の業務を実施するに当たっては、遺伝子関連・染色体検査の精度の確保に係る責任者として、遺伝子関連・染色体検査の業務に関し相当の経験を有する医師もしくは臨床検査技師等を有することが求められている（同条 2 号参照）。

病院等から検体検査の業務の委託を受ける者として「衛生検査所」があるが（医療法15条の3第1項1号参照）、衛生検査所においても類似の精度確保の仕組みが求められている（臨検法20条の3第2項、臨検法施行規則12条1項）。

　一方、疾病の診断や、治療効果の評価などの診療の用に供する目的ではなく、研究目的で検体検査を実施する場合においては、医療法または臨検法に基づく精度の確保に係る基準を遵守する必要はない。ただし、研究目的で実施する場合には、生命・医学系指針（3参照）等、その研究の目的や内容に応じて適用対象となる指針を遵守するとともに、その検体検査の精度の確保の状況を含めて被験者のインフォームド・コンセントを受けることが望ましい[40]。

⑷　遺伝子検査システムに用いる DNA シークエンサー等の薬機法上の取扱い

㋐　厚生労働省通知

　ゲノム医療においては、医薬品の投与可否等を判定するコンパニオン診断システムを含め、生体由来の試料から抽出した核酸またはこれから特定の領域のDNAを増幅もしくは濃縮したものに対して、DNAシークエンサーによりその塩基配列を決定し、その配列情報を解析することにより疾病の診断等に用いる製品が用いられる。このような遺伝子検査システムに用いる DNA シークエンサー等については、薬機法の規制を受ける医療機器等への該当性が問題となる。この点については、厚生労働省「遺伝子検査システムに用いる DNA シークエンサー等を製造販売する際の取扱いについて」（平成28年4月28日薬生機発0428第1号／薬生監麻発0428第1号）において、その構成要素である①DNA シークエンサー、②シークエンシングサンプル調製試薬、③テンプレート DNA 調製試薬、④解析プログラム、⑤それらの総体である DNA シークエン

40）　厚生労働省「医療機関、衛生検査所等における検体検査に関する疑義解釈資料（Q&A）」A4-1 参照。

サー診断システムに分けて、[図表 2-10] のように考え方が示されている。

[図表 2-10]　DNA シークエンサー等の薬機法上の取扱い

	構成要素	意義	薬機法上の取扱い
①	DNA シークエンサー	生体由来の試料から抽出した核酸またはこれを増幅もしくは濃縮した DNA の塩基配列を決定し出力する装置およびこれを作動するプログラム	「医療機器」に該当する。なお、解析プログラム等と組み合わせて使用する場合は、臨床的意義のある遺伝子変異等を特定することを意図した能動型機器であることから、一般医療機器である「遺伝子解析装置」には該当しないため、製造販売をしようとする場合は承認の申請を行う必要がある
②	シークエンシングサンプル調製試薬	DNA シークエンサーにより遺伝子等の塩基配列を決定する際に、検査対象とする遺伝子等の項目にかかわらず必要になる試薬　シークエンサー解析用ライブラリーを調製するための試薬も含まれる	DNA シークエンサーを使用するに当たって、検査対象とする遺伝子等にかかわらず必要になる試薬であることから、「DNA シークエンサーの構成品」とできる
③	テンプレート DNA 調製試薬	疾病の診断等を目的として、生体由来の試料から抽出した核酸から特定の領域の DNA を増幅または濃縮するために使用されるプライマーセットおよび関連試薬（シークエンシングサンプル調製試薬を除く）	DNA シークエンサーおよび解析プログラムを併用することにより疾病の診断等を目的として使用される試薬であることから、「体外診断用医薬品」に該当する
④	解析プログラム	遺伝子等の配列情報に対して内部または外部のデータベースを参照し、比較するなどにより、臨床的に意義のある遺伝子変異等（融合遺伝子、挿入、欠失、遺伝子多型等を含む）の判定を行うもの	疾病の診断等を目的として使用されるプログラムであることから、「医療機器プログラム」に該当する

	DNAシークエンサー診断システム	①DNAシークエンサー、②シークエンシングサンプル調製試薬、③テンプレートDNA調製試薬および④解析プログラムを組み合わせて使用することにより疾病の診断等を行うシステム	①DNAシークエンサー、②シークエンシングサンプル調製試薬、③テンプレートDNA調製試薬および④解析プログラムを一の製造販売業者が製造販売する場合は、それらを組合せで一の「コンビネーション医療機器」として承認申請できる
⑤			

㈡ 製造販売商品を受けたがん遺伝子パネル検査の実例

がん遺伝子パネル検査（1 ⑷㈡㈢参照）については、以下のものが薬機法に基づく製造販売承認を取得しているとされる。

- ・ OncoGuide™ NCC オンコパネル システム[41]
- ・ FoundationOne® CDx がんゲノムプロファイル[42]
- ・ FoundationOne Liquid CDx がんゲノムプロファイル[43]
- ・ Guardant360® CDx がん遺伝子パネル[44]
- ・ GenMineTOP がんゲノムプロファイリングシステム[45]

こうしたがん遺伝子パネル検査は、コンパニオン診断（（1 ⑷㈡参照））の機能もあわせて製造販売承認が取得される場合がある。例えば、上記のうち FoundationOne® CDx がんゲノムプロファイルは、がん種の遺伝子変異等に対応する医薬品（分子標的薬）の適応判定補助としての利

---

41) シスメックス株式会社ニュース（2018 年 12 月 25 日）（https://www.sysmex.co.jp/news/2018/181225.html）。
42) 中外製薬株式会社ニュースリリース（2018 年 12 月 27 日）（https://www.chugai-pharm.co.jp/news/detail/20181227163001_802.html）。
43) 中外製薬株式会社ニュースリリース（2021 年 3 月 23 日）（https://www.chugai-pharm.co.jp/news/detail/20210323170004_1085.html）。
44) ガーダントヘルスジャパン株式会社「報道関係者の皆さま」（2023 年 10 月 13 日）（https://guardanthealthjapan.com/202310130_01/）。
45) コニカミノルタ株式会社ニュースリリース（2022 年 7 月 15 日）（https://www.konicaminolta.com/jp-ja/newsroom/2022/0715-02-01.html）。

[図表 2-11] FoundationOne® CDx がんゲノムプロファイルのコンパニオン診断機能

遺伝子変異等	がん種	関連する医薬品
活性型 EGFR 遺伝子変異	非小細胞肺癌	アファチニブマレイン酸塩、エルロチニブ塩酸塩、ゲフィチニブ、オシメルチニブメシル酸塩、ダコミチニブ水和物
EGFR エクソン 20 T790M 変異		オシメルチニブメシル酸塩
ALK 融合遺伝子		アレクチニブ塩酸塩、クリゾチニブ、セリチニブ、ブリグチニブ
ROS 1 融合遺伝子		エストレクチニブ
MET 遺伝子エクソン 14 スキッピング変異		カプマチニブ塩酸塩水和物
ＢＲＡＦ　Ｖ６００Ｅ および V600K 変異	悪性黒色腫	ダブラフェニブメシル酸塩、トラメチニブ ジメチルスルホキシド付加物、ベムラフェニブ、エンコラフェニブ、ビニメチニブ
ＥＲＢＢ　２ コピー数異常（ＨＥＲ2 遺伝子増幅陽性）	乳癌	トラスツズマブ（遺伝子組換え）
KRAS/NRAS 野生型	結腸・直腸癌	セツキシマブ（遺伝子組換え）、パニツムマブ（遺伝子組換え）
高頻度マイクロサテライト不安定性		ニボルマブ（遺伝子組換え）
高頻度マイクロサテライト不安定性	固形癌	ペムブロリズマブ（遺伝子組換え）
腫瘍遺伝子変異量高スコア		ペムブロリズマブ（遺伝子組換え）
NTRK 1/2/3 融合遺伝子		エヌトレクチニブ、ラロトレクチニブ硫酸塩
BRCA 1/2 遺伝子変異	卵巣癌	オラパリブ
BRCA 1/2 遺伝子変異	前立腺癌	オラパリブ
FGFR 2 融合遺伝子	胆道癌	ペミガチニブ

出典：中外製薬株式会社ニュースリリース（2022 年 6 月 3 日）（https://www.chugai-pharm.co.jp/news/detail/20220603170000_1222.html）。

用が可能になるとされている[46]。

(5) 遺伝子関連検査に対する保険適用

(ア) 遺伝学的検査

保険適用となる遺伝学的検査は、D006-4 に定められている。

染色体構造変異解析（D006-26）や角膜ジストロフィー遺伝子検査（D006-20）も含め、保険収載されている遺伝学的検査は、日本人類遺伝学会が運用するウェブサイト（http://www.kentaikensa.jp/）で公開されている。

(イ) BRCA 1/2 遺伝子検査

BRCA 1/2 遺伝子検査（1 (4)(ア)参照）については、D006-18 に定められており、①腫瘍細胞を検体とするものと②血液を検体とするものに分けられる。

①腫瘍細胞を検体とするものは、初発の進行卵巣がん患者または転移性去勢抵抗性前立腺がん患者の腫瘍細胞を検体とし、次世代シーケンシングにより、「抗悪性腫瘍剤による治療法の選択を目的」として、BRCA 1/2 遺伝子の変異の評価を行った場合が想定される。

②血液を検体とするものは、転移性もしくは再発乳がん患者、初発の進行卵巣がん患者、治癒切除不能な膵がん患者、転移性去勢抵抗性前立腺がん患者または遺伝性乳がん卵巣がん症候群（HBOC）が疑われる乳がんもしくは卵巣がん患者の血液を検体とし、PCR 法等により、「抗悪性腫瘍剤による治療法の選択又は遺伝性乳癌卵巣癌症候群の診断を目的」として、BRCA 1/2 遺伝子の変異の評価を行った場合が想定される。

---

[46] 中外製薬株式会社ニュースリリース「FoundationOne CDx がんゲノムプロファイル、非小細胞肺がんおよび悪性黒色腫に対する 4 つの薬剤のコンパニオン診断として承認を取得」（2022 年 6 月 3 日）（https://www.chugai-pharm.co.jp/news/detail/20220603170000_1222.html）。

㈦　がんゲノムプロファイリング検査（がん遺伝子パネル検査）

　がんゲノムプロファイリング検査（がん遺伝子パネル検査。1⑷㈠㈦参照）は、D006-19 に定められている。

　固形腫瘍の腫瘍細胞または血液を検体とし、100 以上のがん関連遺伝子の変異等を検出するがんゲノムプロファイリング検査に用いる医療機器等として薬事承認または認証を得ている次世代シーケンシングを用いて、包括的なゲノムプロファイルの取得を行う場合が想定される。標準治療がない固形がん患者または局所進行もしくは転移が認められ標準治療が終了となった固形がん患者（終了が見込まれる者を含む）であって、関連学会の化学療法に関するガイドライン等に基づき、全身状態および臓器機能等から、その検査施行後に化学療法の適応となる可能性が高いと主治医が判断した者に対して実施する場合に適用される。

　次世代シーケンシングとして、OncoGuide™ NCC オンコパネル システムと FoundationOne® CDx がんゲノムプロファイルが 2019 年 6 月に初めて保険適用を受けたことを皮切りに[47]、薬事（製造販売）承認を受けたがん遺伝子パネル検査（⑷㈠参照）が保険適用も受けるに至っている。

　遺伝子パネル検査とコンパニオン検査（診断）との関係（1⑷㈠参照）については、遺伝子パネル検査後に開催されるエキスパートパネルが遺伝子異常に係る医薬品投与が適切であると推奨した場合であって、主治医が医薬品投与について適切であると判断した場合は、改めてコンパニオン検査を行うことなくその医薬品を投与しても差し支えないとされている[48]。

　がんゲノムプロファイルの解析により得られる遺伝子のシークエンスデータ、解析データおよび臨床情報等は、患者の同意に基づき、保険医療機関または検査会社等からがんゲノム情報管理センター（C-CAT。1

47）　中央社会保険医療協議会 総会第 415 回（2019（令和元）年 5 月 29 日）総－1
　　厚生労働省「医療機器の保険適用について（2019（令和元）年 6 月収載予定）」。
48）　厚生労働省「遺伝子パネル検査の保険適用に係る留意点について」（2019（令和元）年 5 月 31 日）。

(4)(オ)参照）に提出することとされている。

5　遺伝子治療

Point

　遺伝子治療とは、細胞内の核酸をターゲットとして塩基配列の変異や遺伝子発現を制御するような遺伝子改変を行うことで、疾病の治療を行うものである。遺伝子治療には、ウイルスベクター等を用いて遺伝子を体内の細胞に導入してタンパク質を発現させる in vivo 遺伝子治療と、体外で遺伝子改変を行った細胞を体内に投与する ex vivo 遺伝子治療がある。従来はウイルスベクター等を用いた遺伝子導入技術が用いられてきたが、近時は狙いどおりにゲノムを改変できるゲノム編集技術の実用化が期待されている。2023 年末には英国と米国において、ゲノム編集技術を用いた遺伝子治療が初めて規制当局の承認を受けた。

　遺伝子治療については、その目的や方法等に応じて、再生医療等安全確保法、遺伝子治療等臨床研究指針、薬機法、カルタヘナ法といった法規制の適用を受ける[49]。

　再生医療等安全確保法とは、人の身体の構造または機能の再建、修復もしくは形成、または人の疾病の治療または予防に用いられることを目的とする「再生医療等技術」を規制する法律である。最もリスクの高い「第一種再生医療等」については、厚生労働大臣による安全性等の確認を経る必要がある。「第一種再生医療等技術」は、遺伝子を「導入」もしくは「改変」する操作を行った細胞またはその細胞に培養その他の加工を施したものを用いる医療技術として、遺伝子導入技術や遺伝子改変（ゲノム編集）技術を含むとされる。なお、従来は、細胞加工物を用いるものであるとの要件が付されていたため、体外で遺伝子改変を行った細胞

---

[49]　ゲノム医療実現推進に関するアドバイザリーボード第 4 回資料 3-3 厚生労働省「遺伝子治療に関する規則について」（2018（平成 30）年 2 月 14 日）1 頁参照。

を体内に投与する ex vivo 遺伝子治療は「第一種再生医療等」に該当する一方、遺伝子改変を行ったウイルスベクター等を直接体内に投与する in vivo 遺伝子治療については、細胞加工物を用いないため、再生医療等安全確保法の規制を受けてこなかった。しかし、in vivo 遺伝子治療も ex vivo 遺伝子治療と同様にリスクがあることから、2024 年 6 月 14 日に公布された「再生医療等の安全性の確保等に関する法律及び臨床研究法の一部を改正する法律」では、in vivo 遺伝子治療も規制を受ける「再生医療等技術」に含められる定義となっている。

　遺伝子治療等臨床研究指針は、遺伝子治療等を行うことによりその遺伝子治療等の有効性または安全性を明らかにする研究に適用されるものである。in vivo 遺伝子治療か ex vivo 遺伝子治療か、遺伝子導入か遺伝子改変（ゲノム編集）かを問わず適用される。指針には、遺伝子治療等臨床研究に関し遵守すべき事項等として、①研究者の責務等、②研究計画書、③倫理審査委員会、④インフォームド・コンセント等、⑤厚生労働大臣の意見等、⑥個人情報等および試料に係る基本的責務、⑦重篤な有害事象への対応、⑧遺伝子治療等臨床研究の信頼性確保などが定められている。指針第 3 章は、臨床研究法に定める臨床研究に該当する遺伝子治療等臨床研究に適用される事項を定めている。

　薬機法については、遺伝子治療の開発段階では、特に、医薬品の製造販売のために必要な臨床試験の試験成績に関する資料の収集を目的として実施される「治験」に対する適用が重要である。in vivo 遺伝子治療製品は「遺伝子治療用製品」として、ex vivo 遺伝子治療製品は「ヒト細胞加工製品」として、いずれも「再生医療等製品」に該当し、薬機法の適用を受ける。遺伝子治療用製品等については、その品質および安全性の確保のために必要となる基本的な技術的事項として、2019 年 7 月に厚生労働省より遺伝子治療用製品等の品質及び安全性の確保に関する指針が発出されている。もっとも、この指針はゲノム編集技術を用いた遺伝子治療等には対応していないため、独立行政法人医薬品医療機器総合機構（PDMA）から「ゲノム編集技術を用いた遺伝子治療用製品等の品質・安全性等の考慮事項に関する報告書」が公表されている。

　カルタヘナ法（**第 3 編第 1 章 1 参照**）は、遺伝子導入に利用する遺伝子組換えウイルスやその製造過程で生じるウイルスに適用され得る。このため、遺伝子導入後の細胞にこれらのウイルスが残存している場合には、ウイルスが残存した細胞の使用等に先立ち、カルタヘナ法に基づく第一種使用等の承認取得および第二種使用等に係る拡散防止措置の確認が必要となる。

法規制	臨床研究		治験	
	in vivo	ex vivo	in vivo	ex vivo
再生医療等安全確保法	法改正により、将来適用される可能性	○	—	
遺伝子治療等臨床研究指針	○ 臨床研究については、第 3 章に定めあり			
薬機法	—		○	
カルタヘナ法	○ （遺伝子導入後の細胞にウイルスが残存している場合）			

出典：鈴木謙輔編著『ヘルステックと法』（金融財政事情研究会、2023 年）94 頁の図表 4-3-2 を基に作成。

(1)　遺伝子治療とは[50]

　細胞内の核酸をターゲットとして塩基配列の変異や遺伝子発現を制御するような遺伝子改変技術は、遺伝子治療として従来から臨床応用されてきた。遺伝子治療は、細胞の遺伝子改変を体内で行うか対外で行うかによって、in vivo 遺伝子治療と ex vivo 遺伝子治療に分けられる。

　in vivo 遺伝子治療とは、遺伝子改変を行ったウイルスベクター等を直接体内に投与するものである。典型的には、ウイルスベクター等を用いて遺伝子を体内の細胞に導入し、タンパク質を発現させるもので、直接機能的遺伝子を標的細胞に導入できるため、神経・筋、肝臓、目などほぼ全ての疾患が対象となり得る。

　ex vivo 遺伝子治療とは、体外で遺伝子改変を行った細胞を体内に投

---

50)　参考文献：2020 年度厚生労働行政推進調査事業費補助金厚生労働科学特別研究事業「in vivo 遺伝子治療の規制構築に向けた研究」2020 年度総括研究報告書（研究代表者：山口照英）、小野寺雅史「遺伝子治療とは」前掲注 7）日本医師会雑誌 152 号・特別号(1) 210 〜 215 頁。

[図表 2-13]　in vivo 遺伝子治療と ex vivo 遺伝子治療の違い

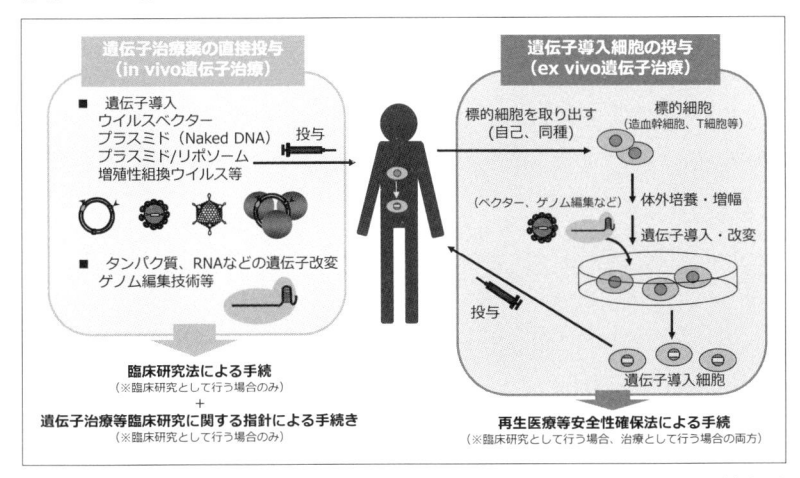

出典：再生医療等安全性確保法の見直しに係るワーキンググループ第 2 回（2021（令和 3）年 1 月 18 日）資料 1-2「（中間報告概要及び論点）遺伝子治療（in vivo）に対する法的枠組みについて」3 頁。

[図表 2-14]　遺伝子導入技術と遺伝子改変（ゲノム編集）技術

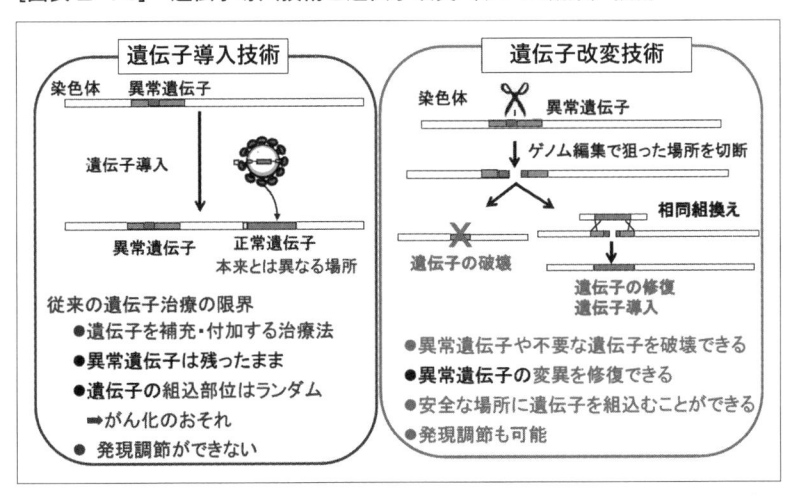

出典：厚生労働行政推進調査事業費補助金厚生労働科学特別研究事業「in vivo 遺伝子治療の規制構築に向けた研究」2020 年度総括研究報告書（研究代表者：山口照英）14 頁参考資料 1。

与するものである。典型的には、患者より採取した細胞に、培養バッグ内でベクター等を用いて機能的遺伝子を導入し、再び患者に投与する。標的細胞としては採取が可能で培養法が確立している造血幹細胞か抹消血リンパ細胞に限定され、対象疾患としては原発性免疫不全症や先天代謝異常症、ヘモグロビン異常症などの造血幹細胞移植が適応となる非悪性腫瘍疾患となる。

　遺伝子改変の方法としては、従来のウイルスベクター等を用いた遺伝子導入技術に加えて、近時は、特定の遺伝子の機能を失わせたり、疾患の原因となっている遺伝子異常を修復することが可能となるゲノム編集技術の実用化が期待されている（第1編2(2)参照）。遺伝子「改変」という言葉は、遺伝子「導入」も含む概念といえるが、ゲノム編集技術を用いた遺伝子の破壊や修復を示す遺伝子の「導入」とは区別する意味で用いられることもある。

(2)　再生医療等安全確保法

(ア)　法律の概要

　再生医療等の安全性の確保等に関する法律（「再生医療等安全性確保法」）は、再生医療等の迅速かつ安全な提供等を図るため、再生医療等を提供しようとする者が講ずべき措置を明らかにするとともに、特定細胞加工物の製造の許可等の制度等を定めるものである（再生医療等安全性確保法1条）。再生医療等について、人の生命および健康に与える影響の程度に応じ、「第一種再生医療等」（高リスクなものとして、例えば、ES細胞、iPS細胞等）、「第二種再生医療等」（中リスクのものとして、例えば、体性幹細胞等）、「第三種再生医療等」（リスクの低いものとして、例えば、体細胞の加工等）に三分類して（同法2条5項〜7項）、それぞれ必要な手続が定められている。

　このうち「第一種再生医療等」については、提供計画について特定認定再生医療等委員会の意見を聴いたうえで厚生労働大臣に提出して実施する（再生医療等安全性確保法4条）、一定期間内に厚生労働大臣が安全性等について確認し、安全性等の基準に適合していないときは計画の変

更を命令する（同法 8 条）、といった最も厳格な手続が定められている。

　なお、「再生医療等」の定義から、薬機法 80 条の 2 第 2 項の定める「治験」に該当するものは除かれており（再生医療等安全性確保法 2 条 1 項かっこ書）、「治験」については(4)で述べる薬機法が適用される。

(イ)　遺伝子導入・改変（ゲノム編集）の取扱い

　「第一種再生医療等」に用いられる「第一種再生医療等技術」（再生医療等安全性確保法 2 条 5 項）には、遺伝子を「導入」もしくは「改変」する操作を行った細胞またはその細胞に培養その他の加工を施したものを用いる医療技術が含まれる（再生医療等安全性確保法施行規則 2 条 2 号）。

　「再生医療等の安全性の確保等に関する法律施行規則の一部を改正する省令」（令和 2 年厚生労働省令第 131 号）により、「遺伝子を導入」に続けて「改変」が追加され、遺伝子導入技術のみならず、ゲノム編集技術が含まれることになっている。

(ウ)　in vivo 遺伝子治療と ex vivo 遺伝子治療の取扱い

　「再生医療等」とは、「再生医療等技術」を用いて行われる医療を意味する（再生医療等安全性確保法 2 条 1 項）。「再生医療等技術」とは、人の身体の構造・機能の再建、修復・形成、または人の疾病の治療・予防に用いられることが目的とされている医療技術であるが、これまでは、「細胞加工物」（人または動物の細胞に培養その他の加工を施したもの）を用いるものであるとの要件が付されていた（同条 2 項、4 項）。そのため、体外で遺伝子改変を行った細胞を体内に投与する ex vivo 遺伝子治療は、第一種再生医療等に該当する一方、遺伝子改変を行ったウイルスベクター等を直接体内に投与する in vivo 遺伝子治療については、「細胞加工物」を用いないため、再生医療等安全確保法の適用を受けなかった。

　しかし、厚生科学審議会再生医療等評価部会が 2022 年 6 月 3 日に公表した「再生医療等安全性確保法施行 5 年後の見直しに係る検討のとりまとめ」Ⅲ 1.(1)では、in vivo 遺伝子治療についても ex vivo 遺伝子治療と同様にリスクがあることから、再生医療等安全性確保法の範囲に含

めるという方向性が示された。そこで、2024 年 6 月 14 日に公布された
「再生医療等の安全性の確保等に関する法律及び臨床研究法の一部を改
正する法律」（2024（令和 6）年法律第 51 号。以下「改正法」という）では、
再生医療等安全確保法の改正として、「再生医療等技術」の定義のなか
に、「細胞加工物」を用いる医療技術に加えて、「核酸等」を用いる医療
技術が含められている（同改正法 2 条 2 項 2 号）。「核酸等」とは、人の
体内で人の細胞に導入される核酸を含み（同条 5 項）、in vivo 遺伝子治
療に用いられる遺伝子改変を行ったウイルスベクター等はこれに該当す
る。よって、この改正法により、in vivo 遺伝子治療についても、再生
医療等安全確保法の適用を受けることになる。

(3)　遺伝子治療等臨床研究指針

㋐　遺伝子治療等臨床研究指針の対象
「遺伝子治療等の有効性または安全性を明らかにする研究」（遺伝子治
療等臨床研究）は、遺伝子治療等臨床研究に関する指針（「遺伝子治療等
臨床研究指針」）の適用を受ける。

　「遺伝子治療等」とは、疾病の治療または予防を目的とした以下①〜
③のいずれかに該当する行為をいうと定義される（遺伝子治療等臨床研
究指針第 1 章第 2 の 1）。①は in vivo および ex vivo による遺伝子導入を、
②は in vivo による遺伝子改変を、③は ex vivo による遺伝子改変を想
定している[51]。

---

① 　遺伝子または遺伝子を導入した細胞を人の体内に投与すること
② 　特定の塩基配列を標的として人の遺伝子を改変すること
③ 　遺伝子を改変した細胞を人の体内に投与すること

---

[51]　厚生労働行政推進調査事業費補助金厚生労働科学特別研究事業「in vivo 遺伝
子治療の規制構築に向けた研究」2020 年度総括研究報告書（研究代表者：山口
照英）4 頁参照。

遺伝子治療等臨床研究指針は、大きく、総則（遺伝子治療等臨床研究指針第1章）、遺伝子治療等臨床研究に関し遵守すべき事項等（同指針第2章）、臨床研究法に定める臨床研究に該当する遺伝子治療等臨床研究に関し遵守すべき事項等（同指針第3章）から構成される。

遺伝子治療等臨床研究指針第1章では、用語の定義や適用範囲、基本的な原則が明示されているが、第7では、「人の生殖細胞又は胚を対象とした遺伝子治療等臨床研究及び人の生殖細胞又は胚に対して遺伝的改変を行うおそれのある遺伝子治療等臨床研究は、行ってはならない」と定められている。このことから、遺伝子治療は体細胞を対象とするもののみが許容されているといえる（ヒト受精胚等のゲノム改変については、6(3)(イ)参照）。

遺伝子治療等臨床研究指針第2章は、遺伝子治療等臨床研究に関し遵守すべき事項等として、①研究者の責務等、②研究計画書、③倫理審査委員会、④インフォームド・コンセント等、⑤厚生労働大臣の意見等、⑥個人情報等および試料に係る基本的責務、⑦重篤な有害事象への対応、⑧遺伝子治療等臨床研究の信頼性確保などから構成される。

遺伝子治療等臨床研究指針第3章は、臨床研究法（平成29年法律第16号）に定める臨床研究に該当する遺伝子治療等臨床研究に関し遵守すべき事項等を定めるものである。「臨床研究」とは、臨床研究法2条1項において、医薬品等を人に対して用いることにより、その医薬品等の有効性または安全性を明らかにする研究と定義されている。ただし、薬機法80条の2第2項に定める「治験」は除かれており（臨床研究法2条1項かっこ書）、治験については(4)で述べる薬機法が適用される。

(4)　薬機法

医薬品、医療機器等の品質、有効性及び安全性の確保等に関する法律（「薬機法」）2条9項に定められる「再生医療等製品」には、「人又は動物の疾病の治療に使用されることが目的とされている物のうち、人又は動物の細胞に導入され、これらの体内で発現する遺伝子を含有させた

の」（薬機法2条9項2号）であって、薬機法施行令で定めるものが含まれる。

　薬機法施行令1条の2で参照される別表第2はこの内容を定めており、in vivo 遺伝子治療製品は「遺伝子治療用製品」として、ex vivo 遺伝子治療製品は「ヒト細胞加工製品」として、いずれも「再生医療等製品」に該当する[52]。

⑺　遺伝子治療用製品等の品質及び安全性の確保に関する指針

　再生医療等製品のうち遺伝子治療用製品および遺伝子導入細胞からなるヒト細胞加工製品（治験製品を含む）については、その品質および安全性の確保のために必要となる基本的な技術的事項として、厚生労働省より遺伝子治療用製品等の品質及び安全性の確保に関する指針（令和元年7月9日薬生機審発0709第2号）が発出されている。ここでは、遺伝子治療用製品等の品質、非臨床試験、治験における留意事項、第三者への伝播のリスク等の評価などについての留意事項が示されている。

［図表2-15］　我が国において承認された遺伝子治療製品

in vivo 遺伝子治療製品						
製品名 （INN/一般名）	販売企業	おもな適応	ベクター （ex vivo について製品の種類）	導入遺伝子	投与	承認年
コラテジェン （beperminogene perplasmid/ ベペルミノゲンペルプラスミド）	アンジェス/ 田辺三菱	慢性動脈閉塞症（潰瘍の改善）	プラスミド	HGF	筋肉内	2019年
Zolgensma/ゾルゲンスマ （onasemnogene abeparvovec/	Novartis	脊髄性筋萎縮症	AAV9	SMN1	静脈内	2020年

52）　内田恵理子ほか「遺伝子治療の臨床開発にかかる規制」医学のあゆみ285巻5号（2023年）490頁。

オナセムノゲンア ベパルボベク)							
デリタクト （teserpaturev/ テ セルパツレブ）	第一三共	悪性神経 膠腫	腫瘍溶解性 HSV1 （γ34.5、 ICP6、 a 47 欠損	LacZ	腫瘍内	2021 年	
Luxturna/ ルクス ターナ （voretigene neparvovec/ ボレチゲン ネパル ボベク）	Spark Therapeutics （米国）/ Novartis	両アレル 性 RPE65 変異 遺伝性網 膜ジスト ロフィー	AAV2	RPE65	網膜下	2023 年	
ex vivo 遺伝子治療製品							
Kymliah/ キ ム リ ア （tisagenlecleucel/ チサゲンレクル ユーセル）	Novartis	B 細胞性 急性リン パ芽球性 白血病 大細胞型 B 細胞リ ンパ腫 濾胞性リ ンパ腫	レンチウイ ルス（自己 CAR-T 細 胞）	CD19- CAR	点滴静 注	2019 年	
Yescarta/ イ エ ス カルタ （axicabtagene cil- oleucel/ アキシカブタゲン シロルユーセル）	Kite Pharma/ ギリアド（国 内）	大細胞型 B 細胞リ ンパ腫	レトロウイ ルス（自己 CAR-T 細 胞）	CD19- CAR	点滴静 注	2021 年	
Breyanzi/ ブ レ ヤ ンジ （lisocabtagene maraleucel/ リソカブタゲン マ ラルユーセル）	Bristol-Myers Squibb	大細胞型 B 細胞リ ンパ腫 濾胞性リ ンパ腫	レンチウイ ルス（自己 CAR-T 細 胞）	CD19- CAR	点滴静 注	2021 年	
Carvykti/ カ ー ビ クティ （ciltacabtagene autoleucel/ シルタカブタゲン オートルユーセル）	Janssen	多発性骨 髄腫	レンチウイ ルス （ 自 己 CAR-T 細 胞）	BCMA- CAR	点滴静 注	2022 年	

Abecma/ アベクマ（idecabtagene vic-leucel/ イデカブタゲン ビ クルユーセル）	Bristol-Myers Squibb	多発性骨髄腫	レンチウイルス（自己CAR-T 細胞）	BCMA-CAR	点滴静注	2022 年

出典：国立医薬品食品衛生研究所遺伝子医薬部第 1 室（遺伝子治療担当室）「承認された遺伝子治療製品」（2024 年 7 月 4 日更新）（https://www.nihs.go.jp/mtgt/pdf/section1-1. pdf）より承認国が日本であるものを抽出したものを一部改変。

㈠ ゲノム編集技術を用いた遺伝子治療用製品等の品質・安全性等の考慮事項に関する報告書

　ゲノム編集製品の臨床開発状況については、国立医薬品食品衛生研究所遺伝子医薬部のウェブサイト（https://www.nihs.go.jp/mtgt/pdf/section1-3.pdf）で公表されている。2023 年末には英国と米国において、ゲノム編集技術を用いた遺伝子治療（対象疾患：鎌状赤血球症等）が初めて規制当局の承認を受けた。

　㈎で述べた遺伝子治療用製品等の品質及び安全性の確保に関する指針は、新たな遺伝子治療として開発が進むゲノム編集技術を用いた遺伝子治療や mRNA 製品には対応していない[53]。そこで、独立行政法人医薬品医療機器総合機構（PDMA）の科学委員会より、「ゲノム編集技術を用いた遺伝子治療用製品等の品質・安全性等の考慮事項に関する報告書」（2020（令和 2）年 2 月 7 日）が公表されている。この報告書では、ゲノム編集技術特有のリスクとして以下の点が指摘されたうえで、品質特性に関する課題や安全性評価の考え方、治験において留意すべき事項等が明らかにされている。

㈠ 遺伝子改変細胞のがん化等のリスク

　ゲノム編集技術は細胞の特定の遺伝子を塩基配列特異的に切断、改変、編集できる技術であるが、同時に類似の塩基配列をもつ目的外の遺伝子の編集リスク、すなわちオフターゲット作用のリスクが存在する。

　このオフターゲット作用による結果として特に懸念されるのが、細胞

53）　内田・前掲注 52）491 頁。

のがん化である。オフターゲット作用により、直接がん遺伝子の活性化やがん抑制遺伝子の不活化が起こる可能性があり、またゲノム編集の遺伝子改変は永続的な効果をもたらすため、その危険性は増大する。

　また、DNAの特定の部位への二重鎖切断（double-strand break: DSB）を誘導するゲノム編集技術では染色体切断に伴いゲノムが不安定化したり、従来の評価法では検出できない染色体の大規模欠損や切断部位への目的外配列の挿入が起きたりするリスクも報告されていることから、染色体異常によるがん化のリスクについても検討する必要がある。

　　⒝　生殖細胞における意図しない遺伝子改変リスク

　in vivo ゲノム編集では、標的細胞以外でのゲノム編集や、目的遺伝子以外の遺伝子改変が生じても、それらを確認したり排除したりすることは困難である。

　特に、小児や生殖可能年齢の患者を対象とする in vivo ゲノム編集では生殖細胞への影響が懸念される。最近ではゲノム切断に伴う染色体異常等のリスクを避けるために、ゲノム切断を介することなく遺伝子改変を行う新たな技術も開発されているが、次世代への遺伝的な影響を十分に検討する必要がある。

⑸　カルタヘナ法

　遺伝子治療用製品等については、カルタヘナ法（第3編第1章1参照）に基づく承認等の手続も必要となる場合がある。

　例えば、再生医療等製品のうち、生体内から細胞や組織を取り出し、それらに体外で遺伝子組換えウイルスにより遺伝子導入を施して患者に投与する ex vivo 遺伝子治療製品については、カルタヘナ法で規定される生物には該当しないが、遺伝子導入に利用する遺伝子組換えウイルスやその製造過程で生じ得るウイルスは、カルタヘナ法で規定される生物に該当する。このため、遺伝子導入後の細胞にこれらのウイルスが「残存」している場合には、その細胞の使用等に先立ち、カルタヘナ法に基づく第一種使用等の承認および第二種使用等に係る拡散防止措置の確認が必要となる。ウイルスの「残存」については、厚生労働省より「遺伝

子導入細胞の製造に用いられた非増殖性遺伝子組換えウイルスの残存に関する考え方について」(2013（平成25）年12月16日。2020（令和2）年12月10日改訂）が発出されている。

　ゲノム編集技術の利用により得られた生物の取扱いについては、最終的に得られた生物に細胞外で加工した核酸が含まれていないものはカルタヘナ法の規制の対象外とされるが、主務官庁への情報提供が求められる（第3編第1章1(2)参照）。この考え方を明確にするものとして、厚生労働省より「医薬品等におけるゲノム編集技術の利用により得られた生物の取扱いについて」(令和2年3月23日薬生発0323第1号）が発出されている。

6　ヒト受精胚等のゲノム改変

Point

　「ヒト受精胚」とは、ヒトの精子とヒトの未受精卵との受精により生ずる胚をいう。ヒト受精胚と生殖細胞（精子、卵子等）をあわせて「ヒト受精胚等」と呼ばれる。ヒト受精胚は、ヒトの精子とヒトの未受精卵の受精から、着床して胎盤の形成が開始されるまでのごく初期の発生段階のものであり、引き続き発生が続くとヒト個体となる。
　ゲノムを狙いどおりに改変できるゲノム編集技術の出現により、ヒト受精胚等のゲノム改変の是非について世界的に大きな議論が巻き起こった。特に、2018年11月、中国の研究者がゲノム編集技術を用いたヒト受精胚から双子を誕生させたことを公表したことは、国際的にも大きな批判を受けた。
　ヒト受精胚等のゲノム改変は、未だ十分な科学的知見が蓄積されているとはいえず、ゲノム編集技術がヒト受精胚等に応用される場合、本来標的とする塩基配列以外の類似配列を認識した結果として、望ましくな

い遺伝子発現が生じる「オフターゲット変異」が発生する可能性がある。こうしたリスクを第一次的に負うのは、改変されたヒト受精胚から誕生した子供であり、科学的に安全性が十分に確認されない状況でゲノム編集技術をヒト受精胚等に適用することは、無責任であるといわざるを得ない。仮に望ましくないゲノム改変が発生した場合、世代を超えて引き継がれた結果が、第二次的に後世代において、どのように個人や社会に影響を及ぼすか不明である。親が望む容姿や体力・知能を持った「デザイナーベビー」が作出されたり、優生思想が今日的に表出する懸念も生じる。

　こうした問題があることから、我が国では、ヒト受精胚等のゲノム改変は、現状、法律による規制こそないものの、遺伝子治療等臨床研究指針により、臨床利用は許容されていない状態にある。一方、臨床利用を伴わない、生殖補助医療研究や遺伝性・先天性疾患研究といった基礎的研究であれば一定の要件のもとで実施が認められており、こうした要件を定めたものとして、こども家庭庁等による「ヒト受精胚を作成して行う研究に関する倫理指針」（新規胚研究指針）と「ヒト受精胚の提供を受けて行う遺伝情報改変技術等を用いる研究に関する倫理指針」（提供胚研究指針）がある。

　ヒト受精胚は、「人」へと成長し得る「人の生命の萌芽」であることから、ヒト受精胚を損なう取扱いは認められないことが原則である。その例外として、人の健康と福祉に関する幸福追求の要請に応える必要がある場合があり、生殖補助医療研究や遺伝性・先天性疾患研究といった基礎的研究を目的として行うヒト受精胚等のゲノム改変は、この例外に該当するといえる。もっとも、人の萌芽ともいうべきヒト受精胚の命の尊重と、人の健康と福祉に関する幸福追求の要請という二つの価値の調整・衡量をどのように図っていくかは難しい問題であり、いかなる範囲でヒト受精胚等のゲノム改変を認めるかの議論は今後も続いていくことになろう。

(1)　ヒト受精胚とは

　「ヒト受精胚」とは、ヒトの精子とヒトの未受精卵との受精により生ずる胚をいう（クローン技術規制法2条1項6号）。ヒト受精胚と生殖細胞（精子、卵子等）をあわせて「ヒト受精胚等」と呼ばれる（厚生科学審議会科学技術部会ゲノム編集技術等を用いたヒト受精胚等の臨床利用のあり

方に関する専門委員会「議論の整理」(2020 (令和 2) 年 1 月 7 日) 4 頁脚注 2)。

　「胚」とは、一の細胞 (生殖細胞を除く) または細胞群であって、その
まま人または動物の胎内において発生の過程を経ることにより一の個体
に成長する可能性のあるもののうち、胎盤の形成を開始する前のものを
いう (クローン技術規制法 2 条 1 項 1 号)。体外で培養される場合には、
子宮内にあるなら胎盤形成が開始されて胎児 (胎芽) となるはずの時期
(受精後 7 日目頃) を過ぎても胎盤が形成されないため、「胚」として扱
うことになる。ヒト受精胚は、ヒトの精子とヒトの未受精卵の受精から、
着床して胎盤の形成が開始されるまでのごく初期の発生段階のものであ
り、引き続き発生が続くとヒト個体となる。

　ヒト受精胚は、生殖補助医療や着床前遺伝学的検査 (4(1)(カ)参照) な
どを目的に対外受精により作成される場合がある。

(2) ヒト受精胚等のゲノム編集の状況と議論の経過

　ヒト受精胚等の取扱いについては、狙いどおりにゲノムを改変できる
ゲノム編集技術 (第 1 編 2 (2)参照) の適用が可能となってから、大きな
状況の変化や議論が生じた[54]。

(ア) 2015 年〜 2018 年末まで (研究段階での懸念)

　2015 年 4 月、中国の研究チームが、体外受精を行った際に生じる
3PN 胚に対し、ゲノム編集技術 (CRISPR/Cas 9) を使用し、血液の疾
患に関連する遺伝子の改変を試み、結果として、一部の目的どおりの遺
伝子の改変を確認したが、目的外の改変も生じており、臨床利用には更
なる検討が必要な段階である旨の論文発表を行った。この発表によりゲ
ノム編集技術が、ヒト受精胚の遺伝子を改変する技術として利用を検討
される段階になりつつあることが認識された。

---

[54]　2019 年前半頃までの経緯の詳細は、加藤和人「人を対象とするゲノム編集の
　　倫理的課題とガバナンスのあり方」Law and Technology 84 号 (2019 年) 77 頁
　　にまとめられている。

こうした状況を受け、世界の研究者コミュニティ等から、臨床目的でのヒト生殖細胞系列へのゲノム編集の適用に言及した声明等が発表されたが、2015 年 12 月には米国で、米国科学アカデミー、米国医学アカデミー、中国科学院および英国王立協会が主催するヒトゲノム編集国際サミット（International Summit on Human Gene Editing）が開催され、声明（On Human Gene Editing: International Summit Statement）がまとめられた。この声明では、①初期のヒト胚もしくは生殖細胞系列へゲノム編集を伴う基礎研究などについては、適切な法的、倫理的なルールと監視のもとで研究はなされるべきである、②配偶子もしくはヒト胚をゲノム編集して、臨床利用（臨床研究と治療の両方を含む）することについては多くの問題があることから、安全性と効果が確認され、社会的なコンセンサスが得られるなど一定の条件を満たされない限り、生殖細胞系列へゲノム編集し、臨床利用することは無責任である、③継続的な議論の場としての国際フォーラムが必要である、とされた。

　我が国では、生命倫理専門調査会が 2016 年 4 月 22 日に公表した「ヒト受精胚へのゲノム編集技術を用いる研究について（中間まとめ）」において、ゲノム編集技術の臨床利用に関しては、科学技術的課題や社会的倫理的課題等があることから現時点では容認できない、すなわち、「ゲノム編集技術を用いたヒト受精胚を、ヒトの胎内へ移植することは容認できない」（同まとめ 4.⑴）とされた。また、日本学術会議の医学・医療領域におけるゲノム編集技術のあり方検討委員会が 2017 年 9 月 27 日に公表した「我が国の医学・医療領域におけるゲノム編集技術のあり方」では、「ゲノム編集を含めたヒト生殖細胞・受精胚を実験的に操作することに対する、国による法規制の必要性」を検討するべき（同あり方 3.⑶）との提言が行われた。

（イ）　2018 年末以降（臨床利用事例が発覚してからの議論）

　2018 年 11 月に中国の研究者が、ゲノム編集技術を用いたヒト受精胚から双子が誕生したことを公表して国際的にも大きな批判を受けた。

　この公表は第 2 回ヒトゲノム編集国際サミットにおいて行われたた

め、最終日に同サミットの組織委員会が公表した声明（Statement by the Organizing Committee of the Second International Summit on Human Genome Editing）では、上記双子の誕生報告の検証を求めるとともに、仮に事実であれば国際規範に適合していないものであると非難し、現時点において、生殖細胞系列のゲノム編集の臨床利用を進めることは無責任であるとした。

我が国の学会からも非難が相次ぎ、例えば、2018 年 12 月 7 日に公表された「『ゲノム編集による子ども』の誕生についての日本学術会議幹事会声明」では、①ゲノム編集技術は未だ発展途上の技術で、特にヒト受精胚・生殖細胞へ応用した場合、出生する子どもへの予期せぬ副作用など、医学的にみて重大な懸念があること、②その改変が世代をこえて継続することから、人類への不可逆的悪影響も懸念されること、③出生する子どもへの遺伝子改変は優生主義的な人間の作出につながるおそれがあることから、現在のゲノム編集技術を用いてヒト受精胚・生殖細胞での遺伝子改変を人為的に行うことについては、学術的にも、社会的にも許容できないとされた。

こうした状況も踏まえ、厚生科学審議会科学技術部会ゲノム編集技術等を用いたヒト受精胚等の臨床利用のあり方に関する専門委員会が 2020 年 1 月 7 日に公表した「議論の整理」では、ゲノム編集技術のヒト受精胚等を対象とした臨床利用は、(ウ)で述べるような「科学技術的課題」や「社会的倫理的課題」があることから、諸外国においては罰則付きの法的規制が整備されていることもかんがみ、我が国においても規制の実効性が担保できるような制度的枠組みを設けることが必要であり、法律による規制が必要とされた（同議論の整理Ⅱ 2-1)（3)）。

(ウ) ヒト受精胚等へのゲノム編集技術の臨床利用についての科学技術的・社会的倫理的課題

ヒト受精胚等へのゲノム編集技術の臨床利用についての「科学技術的課題」としては、ヒト受精胚等については、これまで臨床利用が容認されていないことに加え、基礎的研究においても十分な科学的知見が得ら

れていないため、臨床利用の際に課題となる、望ましくない遺伝子変異や遺伝子発現が生じ得るリスクを評価することは困難であり、発生をコントロールすることも困難であることが挙げられる。ヒト胚を用いた研究は随時進展しているものの、未だ十分な科学的知見が蓄積されているとはいえない。

　これまでに得られている科学的知見によると、ゲノム編集技術がヒト受精胚等に応用される場合、本来標的とする塩基配列以外の類似配列を認識した結果として望ましくない遺伝子発現が生じる「オフターゲット変異」が発生する可能性がある。さらにオンターゲット部位において、標的とした塩基配列に結合したとしても、DNA切断箇所で望ましくない塩基配列の大規模なゲノム再編（欠失、逆位、転座）が高頻度で起こることや、初期胚におけるトランスポゾン活性化により大きなゲノム等の挿入が起こることなどで、望ましくない遺伝子発現が発生する可能性が報告されている（議論の整理Ⅱ1.①）。こうしたリスクを第一次的に負うのは、改変されたヒト受精胚から誕生した子供であり、科学的に十分な安全性の確認を行うことなくゲノム編集技術をヒト受精胚等に適用することは、無責任であるといわざるを得ない。

　「社会的倫理的課題」としても、仮に望ましくない遺伝子改変が起きた場合において、改変されたかどうかを検出することが困難であることから、それが世代を超えて引き継がれた結果が、後世代において、どのように個人や社会へ影響を及ぼすかについては不明であるという問題がある。個々のヒト受精胚等に対する遺伝的改変操作が、人類集団がもつゲノムおよび遺伝子の構成または機能、その多様性に及ぼす影響についても現時点では不明である（議論の整理Ⅱ1.②）。

　ゲノム編集技術の用途が疾患の治療にとどまらず、エンハンスメント目的に利用される可能性も否定できない。親が望む容姿や体力・知能を持った「デザイナーベビー」が作出されたり、優生思想（**第1章3**参照）が今日的に表出する懸念も生じる。

(3) 法規制のない現状下での取扱い

(ア) 法律による規制の不存在

ゲノム編集技術等を用いたヒト受精胚等の臨床利用に関しては、諸外国では法律レベルの規制を有する国がある。例えば、英国、ドイツ、フランスにおいては、個別法により罰則をもって禁止されている。一方、我が国では現状、そのような法律による規制は存在しない。

もっとも、ヒト受精胚等に対するゲノム編集技術の適用に係る倫理的課題については、2023年に施行されたゲノム医療推進法において配慮が求められている。すなわち、同法3条2号では、法律の基本理念の一つとして、「ゲノム医療の研究開発及び提供には、子孫に受け継がれ得る遺伝子の操作を伴うものその他の人の尊厳の保持に重大な影響を与える可能性があるものが含まれることに鑑み、その研究開発および提供の各段階において生命倫理への適切な配慮がなされるようにすること」が掲げられている（1(7)(オ)参照）。ここで言及される「子孫に受け継がれ得る遺伝子の操作」には、生殖細胞、特にヒト受精胚等に対するゲノム編集技術の適用が含まれると考えられる。

したがって、今後もヒト受精胚等へのゲノム編集技術の適用に対する法規制の議論は続いていくことになろう。その際には、ヒト受精胚の生命の尊重、健康の追求（病気の克服）、学問の自由、種としてのヒトの存続といった、根源的な価値に立ち返った検討を要する[55]。

(イ) 遺伝子治療等臨床研究指針（臨床利用の禁止）

我が国では、遺伝子治療等臨床研究指針（5(3)参照）第1章第7にお

---

[55]　髙山佳奈子「ヒト胚の遺伝子改変をめぐる国際的なルールメーキング」法セ774号（2019年）36頁参照。日本学術会議科学者委員会ゲノム編集技術に関する分科会が2020年3月27日に公表した「ゲノム編集技術のヒト胚等への臨床応用に対する法規制のあり方について」では、クローン技術規制法の改正やヒト胚等ゲノム編集の臨床応用に焦点を絞った新法の制定といった、具体的な選択肢が提案されている。

いて、「人の生殖細胞又は胚……を対象とした遺伝子治療等臨床研究及び人の生殖細胞又は胚に対して遺伝的改変を行うおそれのある遺伝子治療等臨床研究は、行ってはならない」と定められている。

これにより、ヒト受精胚等のゲノム改変は、現状、法律による規制こそないものの、臨床利用は許容されていない状態にある。

(ウ)　新規胚研究指針・提供胚研究指針（基礎的研究の一部許容）

ゲノム編集技術によるゲノム改変の臨床利用は禁止されている一方、臨床利用を伴わない基礎的研究であれば一定の要件のもとで実施が認められている。

こうした要件を定めたものとして、①「ヒト受精胚を作成して行う研究に関する倫理指針」（「新規胚研究指針」）と、②「ヒト受精胚の提供を受けて行う遺伝情報改変技術等を用いる研究に関する倫理指針」（「提供胚研究指針」）がある。

以下では、各指針の策定経緯と概要を述べる。

(A)　各指針の策定経緯

(a)　ヒト胚の取扱いに関する基本的考え方（2004 年）

ヒト胚の取扱いに関する議論の開始は、ゲノム編集技術が生じる以前に、クローン技術が問題となっていた 2000 年代初頭にさかのぼる。我が国の総合科学技術会議は、クローン技術規制法の附則 2 条が規定する「ヒト受精胚の人の生命の萌芽としての取扱いの在り方に関する総合科学技術会議等における検討」に資するべく検討を行い、2004 年 7 月 23 日に「ヒト胚の取扱いに関する基本的考え方」（以下「基本的考え方」という）を公表した。

基本的考え方第 2.2 (3) では、以下のように、①「人の尊厳」を踏まえたヒト受精胚尊重の原則と、②人の健康と福祉に関する幸福追求の要請に基づく例外、③その例外が許容されるための条件が示されている。人の萌芽ともいうべきヒト受精胚の命の尊重と、人の健康と福祉に関する幸福追求の要請という二つの価値の調整・衡量をどのように図っていくかという難しい問題に対応するうえで基礎となる考え方である。

① 「人の尊厳」を踏まえたヒト受精胚尊重の原則

　「人」へと成長し得る「人の生命の萌芽」であるヒト受精胚は、「人の尊厳」という社会の基本的価値を維持するために、特に尊重しなければならない。したがって、「研究材料として使用するために新たに受精によりヒト胚を作成しないこと」を原則とするとともに、その目的如何にかかわらず、ヒト受精胚を損なう取扱いが認められないことを原則とする。

② ヒト受精胚尊重の原則の例外

　しかし、人の健康と福祉に関する幸福追求の要請も、基本的人権に基づくものである。このため、人の健康と福祉に関する幸福追求の要請に応えるためのヒト受精胚の取扱いについては、一定の条件を満たす場合には、たとえ、ヒト受精胚を損なう取扱いであるとしても、例外的に認めざるを得ない。

③ ヒト受精胚尊重の原則の例外が許容される条件

　②の例外が認められるには、(i)そのようなヒト受精胚の取扱いによらなければ得られない生命科学や医学の恩恵およびこれへの期待が十分な科学的合理性に基づいたものであること、(ii)人に直接関わる場合には、人への安全性に十分な配慮がなされること、(iii)そのような恩恵およびこれへの期待が社会的に妥当なものであること、という３つの条件を全て満たす必要があると考えられる。また、これらの条件を満たすヒト受精胚の取扱いであっても、人間の道具化・手段化の懸念をもたらさないよう、適切な歯止めを設けることが必要である。

　(b) ART 指針の策定（生殖補助医療研究のためのヒト受精胚の作成・利用の容認（2011 年））

基本的考え方は、(a)で述べた考え方に基づき、生殖補助医療研究は「これまで体外受精の成功率の向上等、生殖補助医療技術の向上に貢献しており、今後とも、生殖補助医療技術の維持や生殖補助医療の安全性確保に必要と考えられる。こうした研究成果に今後も期待することには、十分科学的に合理性があるとともに、社会的にも妥当性がある」として、

例外的に「生殖補助医療研究のためのヒト受精胚の作成・利用は容認し得る」（基本的考え方第2.3.(1)ア）と結論付けた。そのうえで、厚生労働省および文部科学省において、ヒト受精胚の作成・利用を行う生殖補助医療研究を実施するための具体的な手続等を定めたガイドライン（指針）を策定する必要があるとした。

そこで、科学技術・学術審議会生命倫理・安全部会生殖補助医療研究専門委員会での検討を経て、文部科学省・厚生労働省により「ヒト受精胚の作成を行う生殖補助医療研究に関する倫理指針」（ART指針）が策定され、2011年4月1日に施行された。

(c) ゲノム編集指針の策定（生殖補助医療研究を目的とした余剰胚へのゲノム編集技術等を用いる基礎的研究の許容（2019年））

その後、(2)で述べたように、2015年頃からヒト受精胚へのゲノム編集技術の適用の是非に関する議論が生じたことを踏まえ、政府の総合科学技術・イノベーション会議（Council for Science, Technology and Innovation: CSTI）は、生命倫理専門調査会による2016年4月22日付の「ヒト受精胚へのゲノム編集技術を用いる研究について（中間まとめ）」、同年12月13日付の「ヒト受精胚へのゲノム編集技術を用いる研究について——中間まとめ後の検討結果及び今後の対応方針」を経て、2018年3月29日に「『ヒト胚の取扱いに関する基本的考え方』見直し等に係る報告（第一次）——生殖補助医療研究を目的とするゲノム編集技術等の利用について」（以下「CSTI第一次報告書」という）をとりまとめた。

CSTI第一次報告書5.では、研究として行われる臨床利用においては、「生殖補助医療研究」を目的とした場合であっても、現時点では、倫理面、安全面での課題があることから、ゲノム編集技術等を用いたヒト受精胚を、ヒトまたは動物の胎内へ移植することは容認できないとされた一方、将来の生殖補助医療に資する可能性が有る「生殖補助医療研究」を目的とした「余剰胚」へのゲノム編集技術等を用いる基礎的研究に係る「指針」の策定を行うことが望ましいとの結論が示された。

これを受けて、文部科学省・厚生労働省により「ヒト受精胚に遺伝情報改変技術等を用いる研究に関する倫理指針」（以下「ゲノム編集指針」

という）が策定され、2019 年 4 月 1 日に施行された。

　　(d)　ART 指針・ゲノム編集指針の改正（許容される基礎的研究の拡大
　　　　（2021 年））

　その後も政府の総合科学技術・イノベーション会議で検討が進められ、2019 年 6 月 19 日に「ヒト胚の取扱いに関する基本的考え方」見直し等に係る報告（第二次）──ヒト受精胚へのゲノム編集技術等の利用等について」（以下「CSTI 第二次報告書」という）が公表された[56]。

　CSTI 第二次報告書では、従来認められていた生殖補助医療研究を目的とした「余剰胚」へのゲノム編集技術等を用いる基礎的研究に加えて、ヒト胚の人または動物への胎内移植、疾患関連目的以外の研究（エンハンスメント等）を容認しないことを前提としたうえで、①遺伝性・先天性疾患研究を目的とした「余剰胚」にゲノム編集技術等を用いる基礎的研究、②生殖補助医療研究を目的とした「新規胚」にゲノム編集技術等を用いる基礎的研究について容認することが適当とされた。

　これを受けて、ヒト受精胚等へのゲノム編集技術等を用いる研究に関する合同会議での検討を経て、2021 年 7 月 30 日に ART 指針およびゲノム編集指針が改正された[57]。

　　(e)　ART 指針から新規胚研究指針へ、ゲノム編集指針から提供胚研
　　　　究指針への名称変更（許容される基礎的研究の拡大（2024 年））

　政府の総合科学技術・イノベーション会議は、2022 年 2 月 1 日に「『ヒト胚の取扱いに関する基本的考え方』見直し等に係る報告（第三次）──研究用新規胚の作成を伴うゲノム編集技術等の利用等について」（以下「CSTI 第三次報告書」という）を公表した。

---

56)　CSTI 第一次報告書に基づくゲノム編集指針の策定や CSTI 第二次報告書までの経緯については、神里彩子「「ヒト受精胚に遺伝情報改変技術等を用いる研究に関する倫理指針」の概要とヒト受精胚研究に関する制度設計」医事法研究 2 号（2020 年）153 〜 167 頁に詳しい。

57)　改正の経緯や内容については、安藤博「『ヒト受精胚の作成を行う生殖補助医療研究に関する倫理指針』および『ヒト受精胚に遺伝情報改変技術等を用いる研究に関する倫理指針』の改正」Law and Technology94 号（2022 年）47 〜 52 頁に詳しい。

CSTI 第三次報告書では、「新規胚」を作成して行う基礎的研究のうち、ゲノム編集技術等を用いた遺伝性・先天性疾患研究および卵子間核置換技術を用いたミトコンドリア病研究について、新たにその実施を容認すること等の見解が示された。

　これを受けて、2024 年 2 月 9 日に ART 指針およびゲノム編集指針の改正が行われるとともに、その名称がそれぞれ、「ヒト受精胚を作成して行う研究に関する倫理指針」（新規胚研究指針）、「ヒト受精胚の提供を受けて行う遺伝情報改変技術等を用いる研究に関する倫理指針」（提供胚研究指針）に変更された。

　(B)　各指針の概要

　以上より、現在では、ヒト受精胚等のゲノム改変に適用される指針として、新規胚研究指針と提供胚研究指針がある。

　両指針は、遺伝情報改変技術等を用いる生殖補助医療研究や遺伝性・先天性疾患研究などの基礎的研究を行うに際しての、インフォームド・コンセント、ヒト受精胚の取扱い、倫理委員会による審査などの事前手続を定めている含む点で共通する。

　一方、新規胚研究指針は新たにヒト受精胚の作成を行うものを対象とするのに対して、提供胚研究指針は既に作成された（生殖補助医療に用いられなくなった）ヒト受精胚の提供を受けて行うものを対象とするという違いがある。

[図表 2-16]　新規胚研究指針・提供胚研究指針の概要

	新規胚研究指針 （旧：ART 指針）	提供胚研究指針 （旧：ゲノム編集指針）
適用範囲	以下の基礎的研究のうち、ヒト受精胚の作成を行うもの ①　生殖補助医療研究（遺伝情報改変技術等を用いるものを含む） ②　遺伝情報改変技術を用いる遺伝性・先天性疾患研究 ③　卵子間核置換技術を用い	ヒト受精胚に遺伝情報改変技術等を用いる以下の基礎的研究のうち、ヒト受精胚の提供を受けて行うもの ①　生殖補助医療の向上に資する基礎的研究 ②　遺伝性または先天性疾患の病態解明および治療方法

	るミトコンドリア病研究	の開発に資する基礎的研究 ※①、②の範囲内で、遺伝情報改変技術等を施したヒト受精胚からのヒトES細胞の作成・使用は可
入手	配偶子（ヒトの卵子または精子）の入手 ・　提供は無償、未成年者等の同意能力を欠く者からの提供を禁止 ・　提供が認められる卵子 ▷　生殖補助医療目的で採取された卵子で不要になったもの、受精しなかった卵子 ▷　疾患治療等のため摘出された卵巣から採取された卵子で生殖補助医療に用いないもの 等	ヒト受精胚の入手 ・　提供は無償、未成年者等の同意能力を欠く者からの提供を禁止 ・　提供が認められるヒト受精胚は、生殖補助医療に用いられなくなったものに限る
インフォームド・コンセント（IC）	文書（指針に定める要件を満たす場合は電磁的方法も可）によるICを受けたうえで、配偶子の提供を受けること	文書（指針に定める要件を満たす場合は電磁的方法も可）によるICを受けたうえで、ヒト受精胚の提供を受けること
ヒト受精胚の取扱い	・受精後、原始線条の形成前までの期間とし、最大14日 ・人または動物への胎内移植は禁止	・原始線条の形成前までの期間とし、最大14日 ・人または動物への胎内移植は禁止
事前手続	提供機関および研究機関の倫理審査委員会での審査に加え、国による確認が必要	同左

出典：文部科学省ホームページに掲載されている「ヒト受精胚を作成して行う研究に関する倫理指針（旧：ヒト受精胚の作成を行う生殖補助医療研究に関する倫理指針）（概要）」（https://www.mext.go.jp/lifescience/bioethics/files/pdf/n2382_04.pdf）、「ヒト受精胚の提供を受けて行う遺伝情報改変技術等を用いる研究に関する倫理指針（ヒト受精胚に遺伝情報改変技術を用いる研究に関する倫理指針）（概要）」（https://www.mext.go.jp/lifescience/bioethics/files/pdf/n2382_02.pdf）を基に作成。

第３章

消費者向け（DTC）遺伝子検査[1]

Point

　消費者向け（Direct to Consumer: DTC）遺伝子検査とは、消費者自らが検体を採取・提供し、サービス提供事業者において遺伝子解析がされたうえで、消費者に直接遺伝子検査結果が返されるといったサービスを提供する事業である。検査の対象は、疾患リスク・病気のなりやすさ（易罹患性）のほか、体質や性格、祖先といった事項まで及ぶ場合がある。代表的な消費者向け（DTC）遺伝子検査は、受付・検体採取・解析・結果報告といったプロセスをたどる。

　病気のなりやすさ（易罹患性）に関する検査は、ゲノム医療で行われる多因子疾患のヒト遺伝学的検査と類似する側面がある。一方で、消費者向け（DTC）遺伝子検査は、疾病の診断や治療・投薬の方針決定を目的とするものではなく、利用者に気付きを与え、利用者自らの行動変容を促すにとどまるサービスである点において、医療として行われる検査とは区別される。この区別の前提として、そもそも消費者向け（DTC）

---

1)　近時は、「全ゲノム解析」（非遺伝子部分も含めた全てのゲノム配列とその働きを調べること。国立高度専門医療研究センター「全ゲノム解析とは？」参照）サービスが提供され始めている。その意味では、「ゲノム解析」といった表現の方がより包括的な表現であるとも考えられるが、「遺伝子検査」という言葉はある程度定着していることから、この表現を用いている。

　遺伝子検査ビジネスの法的諸問題をまとめた論考として、吉田和央「遺伝子検査ビジネスの法的諸問題」NBL1102 号（2017 年）37 ～ 44 頁がある。また、遺伝子検査ビジネスの実態調査結果等については、三菱 UFJ リサーチ＆コンサルティング経営コンサルティング第 1 部「DTC 遺伝子検査ビジネスに関する調査報告書 ——令和 2 年度商取引・サービス環境の適正化に係る事業」（2021 年 2 月）にまとめられている。

遺伝子検査が「医行為」（医師法 17 条）に該当しないか、医師や医療機関以外の事業者が提供できるのかという問題がある。この点については、①遺伝要因だけでなく、環境要因が疾患の発症に大きく関わる「多因子疾患」のみを対象としており、②学術論文等の統計データと検査結果とを比較しているにすぎない場合には、「医行為」には該当しない、すなわち医師や医療機関以外の事業者でも提供できると考えられる。

　消費者向け（DTC）遺伝子検査に適用される規律として、個人遺伝情報保護ガイドラインがある。個人遺伝情報保護ガイドラインは、個人情報保護法に関するガイドラインではあるが、インフォームド・コンセント、厳格な情報管理、検査・解析の分析的妥当性や科学的根拠の確保、遺伝カウンセリング、倫理審査といった遺伝子検査（個人遺伝情報解析）に関する規律も定めている。また、法的拘束力はないが、経済産業省は 2013 年に遺伝子検査ビジネス遵守事項を定めている。

　このように、消費者向け（DTC）遺伝子検査には既に一定の規律が存在するが、①科学的根拠について、エビデンスは蓄積されてきてはいるものの、妥当性については確立していない、②検査の質の担保の仕組みが不十分、③消費者への情報提供、消費者自身の理解も不十分、④医療との線引きがグレーな業態がある、といった課題も指摘されてきた。このような課題認識に一定対応する形で、2023 年に成立したゲノム医療推進法では、消費者向け（DTC）遺伝子検査を含む「医療以外の目的で行われる個人の細胞の核酸に関する解析」（ゲノム医療推進法 17 条）について、「科学的知見に基づき実施されるようにすることを通じてその質の確保を図る」（同条）こと等に向けた必要な施策を講じることとしている。施策を講じる義務は国に課されており、事業者に直接義務が課されるものではないが、今後国からいかなる施策が示されることになるかが注目される。

1　消費者向け（DTC）遺伝子検査のプロセス

代表的な消費者向け（DTC）遺伝子検査は、以下のプロセスをたどる。

① 受付：事業者が、消費者から遺伝子検査の申込みを受け付け、検査採

取キット等を消費者に送付する
② 　検体採取：消費者が、検体採取キットにより自身で検体（唾液等）を採取し、事業者に送付する
③ 　解析：事業者が、消費者から送付された検体を解析する。別の検査機関等に解析が委託される場合もある
④ 　結果報告：事業者が、疾患リスクや体質等に関する解析結果を郵送やウェブサイト等を通じて消費者に報告する

　さらに、その解析結果を基に、健康支援プログラム、ダイエットプログラムの提供や化粧品・サプリメント等の2次的サービスが提供される場合もある。
　上記のうち③の解析は、(i)検査機器等により消費者から送付された検体（唾液等）に含まれる塩基配列（ACGT）を文字列で表記したもの（ゲノムデータ）を明らかにする作業と、(ii)そのゲノムデータを（ゲノムデータと疾患との関係を明らかにする）学術論文や統計データ等に照らし合わ

[図表 2-17]　遺伝子検査のプロセス

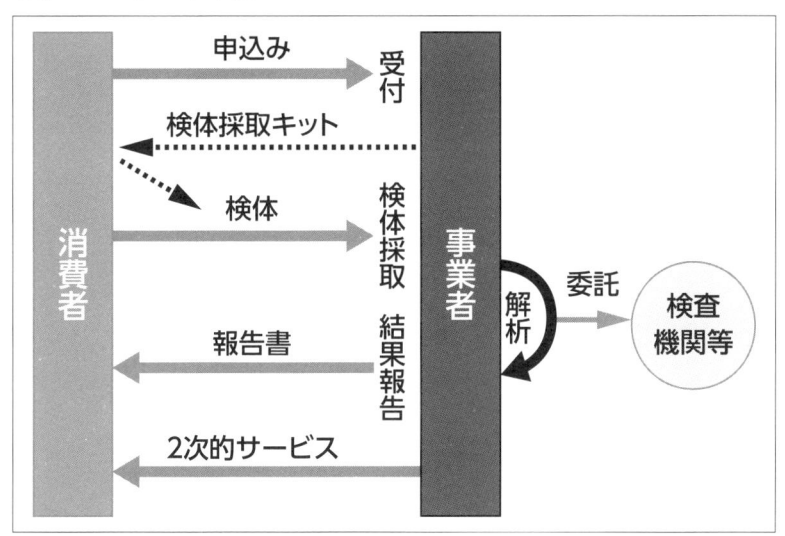

出典：吉田和央「遺伝子検査ビジネスの法的諸問題」NBL1102 号（2017 年）39 頁。

[図表 2-18] 解析作業

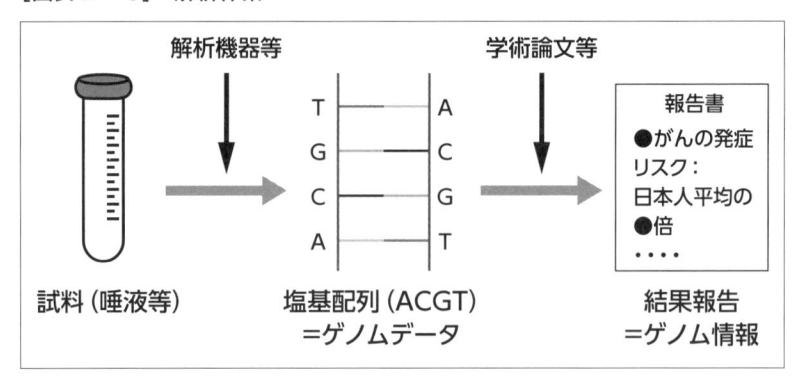

出典：吉田和央「遺伝子検査ビジネスの法的諸問題」39 頁。

せて消費者の疾患リスクや体質等（ゲノム情報）を明らかにする作業から構成される。

2 医師法との関係

　医師法（昭和 23 年法律第 201 号）17 条は、医師でなければ、「医業」をしてはならないと定めている。

　そこで、消費者向け（DTC）遺伝子検査のうち、特に疾患リスクを明らかにするものについては、「医業」に該当しないかが問題となる。仮に「医業」に該当することとなれば、そのような消費者向け（DTC）遺伝子検査を医師（医療機関）でない一般事業者が提供する事業は医師法 17 条に抵触してしまうためである。

　「医業」とは、医行為を、反復継続する意思をもって行うことを意味し[2]、「診断」（診察）はこれに含まれると解されている[3]。医業の内容となる「医行為」とは、医療および保健指導に属する行為のうち、医師が

行うのでなければ保健衛生上危害を生ずるおそれのある行為をいい、これに該当するか否かは、行為の方法や作用のみならず、その目的、行為者と相手方との関係、行為が行われる際の具体的な状況、実情や社会における受け止め方等をも考慮したうえで、社会通念に照らして判断される[4]。

　この「診断」を含む「医行為」と消費者向け（DTC）遺伝子検査の関係については、ゲノム情報を用いた医療等の実用化推進タスクフォース第4回（2016（平成28）年1月27日）資料2「今後の検討課題と進め方（案）」6頁において厚生労働省より示された以下の見解が参考になる。

> ・　診察、検査等により得られた患者の様々な情報を、確立された医学的法則に当てはめ、疾患の名称、原因、現在の病状、今後の病状の予測、治療方針等について判断を行い、患者に伝達することは「診断」に該当する
> ・　消費者の遺伝子型とともに疾患リスク情報を提供する消費者向け（DTC）遺伝子検査ビジネスにおいて、①遺伝要因だけでなく、環境要因が疾患の発症に大きく関わる「多因子疾患」のみを対象としており、②学術論文等の統計データと検査結果とを比較しているにすぎない場合には、「診断」を行っているとはいえず、「医行為」には該当しない

　以上より、一般事業者として消費者向け（DTC）遺伝子検査（特に疾患リスクを明らかにする）サービスを展開しようとする際には、提供しようとするサービスが「医行為」に該当するものとなっていないか慎重に検討する必要がある。

---

2)　厚生労働省「医師法第17条、歯科医師法第17条及び保健師助産師看護師法第31条の解釈について」（平成17年7月26日医政発第0726005号）。
3)　大判昭和8年7月31日刑集12巻17号1543頁。
4)　最決令和2年9月16日刑集74巻6号581頁。

3 個人遺伝情報保護ガイドライン等の規律

(1) 規律の体系

㋐ 個人遺伝情報保護ガイドライン

消費者向け（DTC）遺伝子検査において、消費者からゲノムデータや解析結果等を取得する検査事業者は、「個人情報取扱事業者」（個人情報保護法 16 条 2 項柱書本文）として個人情報保護法の適用を受ける。これに加えて、個人遺伝情報解析は、本人およびその血縁者の遺伝的素因を明らかにし、本人を識別することができるなど、その取扱いによっては倫理的、法的または社会的問題を招く可能性があることから、個人情報保護委員会・経済産業省は「経済産業分野のうち個人遺伝情報を用いた事業分野における個人情報保護ガイドライン」（個人遺伝情報保護ガイドライン）を 2017 年に公表し、遺伝情報に固有の規律を定めている。

個人遺伝情報保護ガイドラインは、個人情報保護法に関するガイドラインではあるが、インフォームド・コンセント、厳格な情報管理、検査・解析および鑑定等（以下「検査等」という）の分析的妥当性や科学的根拠の確保、遺伝カウンセリング、倫理審査といった遺伝子検査（個人遺伝情報解析）に関する規律も定めている。

個人遺伝情報保護ガイドラインにおいて、「しなければならない」と記載されている規定については、それに従わなかった場合は、個人情報保護法の規定違反と判断され得る。一方、「こととする」と記載されている規定については、それに従わなかった場合でも、同法の規定違反と判断されることはないが、同法 3 条の基本理念を踏まえた社会的責務としてできる限り取り組むよう努めなければならない。

(A) 「遺伝情報」「個人遺伝情報」等の意義

個人遺伝情報保護ガイドラインにおいて、「個人遺伝情報」とは、個

人情報保護法に定められた「個人情報」のうち、試料を用いて実施される事業の過程を通じて得られ、または既にその試料に付随している情報で、個人の遺伝的特徴やそれに基づく体質を示す情報を含むものをいう（個人遺伝情報保護ガイドラインⅡ.1-1.⑸）。

一方、「遺伝情報」は、試料を用いて実施される事業の過程を通じて得られ、または既にその試料に付随している個人に関する情報で、個人の遺伝的特徴やそれに基づく体質を示す情報であって、「個人情報」に該当しないものと定義される（個人遺伝情報保護ガイドラインⅡ.1-1.⑷）。

「個人情報」「個人識別符号」「要配慮個人情報」の定義については、個人情報保護委員会の定める個人情報の保護に関する法律についてのガイドライン（通則編）（2016（平成28）年11月）の例によるとされる（個人遺伝情報保護ガイドラインⅡ.1-1.⑴〜⑶）。詳細は**第2章2⑵**参照。

⒝ 「個人遺伝情報取扱事業者」「特定個人遺伝情報取扱事業者」「遺伝情報取扱事業者」の意義

⒜で述べた「遺伝情報」や「個人遺伝情報」を取り扱う事業者として、個人遺伝情報保護ガイドラインは以下の三つの事業者類型を定め、事業内容に応じた規律を定めている（個人遺伝情報保護ガイドラインⅡ.1-2.⒁〜⒃）。①個人遺伝情報取扱事業者は②特定個人遺伝情報取扱事業者を含む概念であり、いずれも個人情報取扱事業者である。一方、③遺伝情報取扱事業者は個人情報取扱事業者には該当しない。

① 個人遺伝情報取扱事業者

「個人遺伝情報取扱事業者」とは、「個人情報取扱事業者」のうち、「個人遺伝情報」を用いた事業を行う事業者（業務の一部としてこれを行う事業者を含む）をいう。

例えば、消費者などの本人から直接試料を取得する事業者がこれに当たる。

② 特定個人遺伝情報取扱事業者

「特定個人遺伝情報取扱事業者」とは、「個人遺伝情報取扱事業者」のうち、個人識別符号のうち「細胞から採取されたデオキシリボ核酸（別名DNA）を構成する塩基の配列」（個人情報の保護に関する法律施行令1

条1号イ）のみを取り扱う事業者をいう。

　例えば、他の個人遺伝情報取扱事業者から個人情報を伴わない試料の解析を受託し、当該試料から個人識別符号のうち「細胞から採取されたデオキシリボ核酸（別名DNA）を構成する塩基の配列」を取得する事業者がこれに当たる。

③　遺伝情報取扱事業者

　「遺伝情報取扱事業者」とは、遺伝情報のみを用いた事業を行う事業者（業務の一部としてこれを行う事業者を含む）をいう。

　例えば、個人情報でない仮名加工情報または匿名加工情報のみを受託し、解析等を行う事業者がこれに当たる。

(イ)　遺伝子検査ビジネス遵守事項

　経済産業省は、法的拘束力はないものの、遺伝子検査ビジネスを適切に実施するための参考資料として、2013年に遺伝子検査ビジネス実施事業者の遵守事項（「遺伝子検査ビジネス遵守事項」）を公表している。

　遺伝子検査ビジネス遵守事項は、1「倫理的・法的・社会的課題への対応」と2「精度管理等の技術的課題への対応」から構成される。

[図表2-19]　遺伝子検査ビジネス遵守事項の概要

倫理的・法的・社会的課題への対応	精度管理等の技術的課題への対応
(i)　消費者への情報提供のあり方（景品表示法、医師法、薬機法等関連法令の遵守）	(i)　標準作業手順書（SOP）、機器の保守点検作業書等の整備
(ii)　インフォームド・コンセントの内容の公開	(ii)　検査の実施、内部精度管理の状況、機器の保守点検の実施、教育・技術試験等に関する記録の作成
(iii)　インフォームド・コンセント	
(iv)　個人遺伝情報利用目的の厳密な特定	(iii)　品質保証の仕組み（検査標準化・精度管理）
(v)　取扱いに注意を要する情報の取得の原則禁止	(iv)　消費者からのクレームに関する記録の作成
(vi)　匿名化を含む安全管理措置	(v)　安全性および健康上の問題が生じた場合には、その業務を即時停止し、関係省庁に報告
(vii)　カウンセリングの実施	
(viii)　個人遺伝情報取扱審査委員会に	

よる審査 (ix)　2次的サービスの提供における 　　留意点 (x)　試料の本人確認 (xi)　インターネットを介した個人情 　　報開示の留意点 (xii)　郵送による試料の送付における 　　留意点	

(ウ)　AGI の自主基準

　業界の中心的企業等が会員となっている一般社団法人遺伝情報取扱協会（Association of Genetic Information : AGI）は、その会員である事業者自らが遵守すべき基本事項を整理し、消費者に対するサービス等についての情報提供のあり方、また、技術的な側面から見た精度管理のあり方等について考え方を取りまとめた「個人遺伝情報を取扱う企業が遵守すべき自主基準」（以下「個人遺伝情報取扱事業者自主基準」という）を公表している。

　個人遺伝情報取扱事業者自主基準では、一般的な遵守事項（同基準第3章）に加えて、DNA 鑑定分野、体質遺伝子検査分野、受託解析分野といった「事業分野の特性に応じた遵守事項」（同基準第4章）も定められている。

　AGI は、この自主基準を遵守して健全・適正に遺伝子検査サービスを提供していることを公平・中立な観点から審査・認定して、そのサービスに関して遺伝情報適正取扱認定マークの使用を認めるという「遺伝情報適正取扱認定」制度も運営している。なお、この制度への申請は、同会への加入が条件となっている。

(2)　各プロセスおよび体制面における規律

　以下では、(1)で述べた個人遺伝情報保護ガイドラインや遺伝子検査ビジネス遵守事項に基づき、受付・検体採取・解析・結果報告・2次的サービスの提供といった遺伝子検査の各プロセス（1参照）および体制

面において求められる措置を概観する。

㋐　受付

(A)　利用目的の厳密な特定と同意の取得

　個人情報の利用の目的の特定（個人情報保護法 17 条 1 項）は、個人情報の保護に関する法律についてのガイドライン（通則編）の例示よりも厳密に[5]、検査、解析または鑑定等の対象となる遺伝子を明確にする程度に行うこととされている（ただし、全ゲノム検査においては全ゲノムを対象とする旨を明確にすることとされる）（個人遺伝情報保護ガイドラインⅡ.2.(1)①）。

　こうした利用目的については、個人遺伝情報取扱事業者は、個人遺伝情報および試料を取得する場合には、これを取得した後で本人に通知し、または公表するのではなく、あらかじめインフォームド・コンセントにより文書または電磁的方法で明らかにしたうえで、本人の同意をとって個人遺伝情報等を取得することとされている（個人遺伝情報保護ガイドラインⅡ.2.(3)④）。

(B)　要配慮個人情報の取扱い

　個人情報保護法 20 条 2 項は、要配慮個人情報の取得に当たり、原則として本人の同意取得を求めている。これに対して、個人遺伝情報ガイドラインⅡ.2.(3)③は、個人遺伝情報取扱事業者は、事業に用いる個人遺伝情報を除き、原則として、要配慮個人情報を取得し、または利用しないことを義務として定めている。

　この点に関して、遺伝子検査ビジネス遵守事項 1 (5)は、サービス提

---

5)　個人情報の保護に関する法律についてのガイドライン（通則編）3-1-1 では、「個人情報取扱事業者は、個人情報を取り扱うに当たっては、利用目的をできる限り具体的に特定しなければならないが、利用目的の特定に当たっては、利用目的を単に抽象的、一般的に特定するのではなく、個人情報が個人情報取扱事業者において、最終的にどのような事業の用に供され、どのような目的で個人情報を利用されるのかが、本人にとって一般的かつ合理的に想定できる程度に具体的に特定することが望ましい」として、具体的に利用目的を特定している事例や具体的に利用目的を特定していない事例が示されている。

供に際して、不必要な情報は原則として取得しない（政治的見解、信教等）としたうえで、遺伝子頻度の関係から民族的出自等についての情報を科学的に必要とする場合には、インフォームド・コンセントの際、その旨を消費者に説明し同意を得ることを求めている。

　ⓒ　インフォームド・コンセント

　個人遺伝情報取扱事業者は、インフォームド・コンセントを取得する際には、以下に掲げる項目について、事前に本人に十分な説明をし、本人の文書または電磁的方法による同意を受けて、個人遺伝情報を用いた事業を実施することとされている（個人遺伝情報保護ガイドラインⅡ.2.(3)①）。ヒトゲノムに関する事業等を行うに当たっては、その対象者に対して事前に十分説明を行ったうえで、対象者から自由意思に基づく同意（インフォームド・コンセント）が与えられなければならないとの原則（基本原則第2章第1節、国際宣言8条、9条。**第1章2⑴参照**）に基づく要請といえる。

- 　事業の意義（特に、体質検査を行う場合には、その意義が客観的なデータにより明確に示されていること）、目的、方法（対象とする遺伝的要素、分析方法、精度等。将来の追加、変更が予想される場合はその旨）、事業の期間、事業終了後の試料の取扱い、予測される結果や不利益（社会的な差別その他の社会生活上の不利益も含む）等
- 　インフォームド・コンセントの撤回の方法、撤回の要件、撤回への対応（廃棄の方法等も含む）、費用負担等
- 　個人遺伝情報取扱事業者の名称、住所、電話番号、代表者の氏名・職名
- 　試料または診療情報の取得から廃棄に至る各段階での情報の取扱いについて、個人遺伝情報の氏名等削除措置および安全管理措置の具体的方法
- 　個人遺伝情報の取扱いを他の事業者に委託する場合、または、他の事業者と個人遺伝情報を共同利用する場合は、委託先または共同利用先の名称および個人遺伝情報の氏名等削除措置、安全管理措置の具体的方法（委託先に個人情報保護法および個人遺伝情報保護ガイドラインを遵守させるために委託元が講じている措置が明確に記載されている場合は、委託先の名称を省略することができる。ただし、委託先が外国にある事業者である場合は、その委託先の名称を省略することはできない）

- ・　外国にある事業者に試料または個人遺伝情報を提供する場合は、その旨
- ・　個人遺伝情報取扱審査委員会により、公正かつ中立的に事業実施の適否が審査されていること
- ・　個人遺伝情報の開示に関する事項（受付先、受付の方法、開示に当たって手数料が発生する場合はその旨を含む）
- ・　遺伝カウンセリングの利用に係る情報
- ・　問合せ（個人情報の訂正、同意の撤回等）、苦情等の窓口の連絡先等に関する情報

㈤　検体採取（試料・情報管理）

　個人情報取扱事業者は、その取り扱う個人データの漏えい、滅失または毀損の防止その他の個人データの安全管理のために必要かつ適切な措置を講じなければならないとされる（個人情報保護法23条）。

　この安全管理措置に関して、ゲノム情報は、特に、センシティブ性や差別等の社会的不利益を生じさせるおそれがあることから、機密性を保持したうえで厳重に保管され、漏洩防止のための措置が講じられる必要性が高い（基本原則第11、第12、世界宣言7条、国際宣言14条。第1章2(1)参照）。

　そこで、個人遺伝情報保護ガイドラインⅡ.2.(4)②は、個人遺伝情報取扱事業者に対して、氏名等削除措置を行うための管理者を設置し、試料または診療情報を入手後速やかに、委託または第三者提供をする場合にはその前に、試料に付随する情報および診療情報について氏名等削除措置を行うことを求めている。また、氏名等削除措置管理者は、個人遺伝情報の氏名等削除措置のほか、インフォームド・コンセントの文書または電磁的記録、氏名等削除措置作業に当たって作成した対応表等の管理および廃棄を適切に行い、個人遺伝情報が漏えいしないように厳重に管理することとしている。

　さらに、遺伝子検査ビジネス遵守事項1(10)～(12)は、以下のような措置を求めている。

- ・ 試料の本人確認
  検査に供する試料が、検査を希望する本人のものであることを保証するために、合理的な措置を取らねばならない。
- ・ インターネットを介した個人情報開示における留意点
  インターネットを介した個人情報の開示においては、セキュリティ上の問題がある可能性を消費者に通知し、その同意を得なければならない。
- ・ 郵送による試料の送付における留意点
  郵送による試料の送付においては、セキュリティ上の問題に加え、輸送中のトラブルや試料の劣化等が起こる可能性を消費者に通知し、その同意を得なければならない。

㈡ 解析

個人遺伝情報取扱事業者、特定個人遺伝情報取扱事業者および遺伝情報取扱事業者は、個人遺伝情報に係る検査等を行うに当たって、(A)分析的妥当性、(B)科学的根拠等の確保に努めることとする（個人遺伝情報保護ガイドラインⅡ.2.(15)）。ヒトゲノムの検査等においては、正確性・信頼性・質・安全性を確保するために必要な措置を講ずるべきであるとの原則（国際宣言15条。第1章2(6)参照）に基づくものといえる。

(A) 分析的妥当性の確保

分析的妥当性の確保として、①検査実施施設においては、各検査工程の標準化のための標準作業手順書の整備、機器の保守点検作業書等を整備すること、②検査の実施、内部精度管理の状況、機器の保守点検の実施、教育・技術試験の実施等に関する記録を作成することとされている。

また、[図表2-19] でその概要を述べた遺伝子検査ビジネス遵守事項2では、精度につき「精度管理等の技術的課題への対応」として、以下の事項が定められている。

(i) 検査実施施設においては、各検査工程の標準化のための標準作業手順書（作業マニュアル）の整備、機器の保守点検作業書等を整備しなければならない

(ii) 検査の実施、内部精度管理の状況、機器の保守点検の実施、教育・技術試験の実施等に関する記録を作成しなければならない

(iii) (i)、(ii)の詳細については、遺伝子検査ビジネス遵守事項に別添の品質保証の仕組み（精度管理・標準化モデル）を参照する

　　具体的には、検体受付から結果解析、報告、後処理までの各プロセスで実施すべき事項や、測定の実施方法・条件、試料等の取扱方法、検査機器の操作方法、判定基準、異常値の取扱い、精度管理の方法・評価基準、コンタミネーション防止策等を定めた標準作業手順書（SOP）に基づく運用が掲げられる

(iv) 消費者からのクレームに関する記録（クレームの内容、対応、改善方策等）を作成しなければならない

(v) 個人遺伝情報を取り扱う事業において、安全性および健康上の問題が生じた場合には、その業務を即時停止するとともに、関係省庁に報告を行わなければならない

(B) 科学的根拠の確保

　科学的根拠の確保として、検査等を行う場合には、その意義を客観的なデータにより明確に示すこととする。

　遺伝子検査ビジネス遵守事項1(3)（＊）では、以下の観点が示されている。

・　MEDLINE（米国国立医学図書館で作成されている、医学・生命科学分野関連についての世界最大のデータベース）に掲載されている peer review journal（投稿原稿を編集者以外の同分野の専門家が査読する雑誌）に掲載されていることが必要である

・　日本人を対象集団とした関連解析または連鎖解析であること、同一研究について異なるグループから複数報告されていること、最初の論文が報告されてから一定の年月が経過していること、論文選択に当たってMEDLINE の検索式を明記するなど客観性が示されていること、適切な統計学的手法が用いられていることが望ましい

(エ) 結果報告（遺伝カウンセリング）

　個人遺伝情報取扱事業者は、遺伝子検査等の結果として、個人遺伝情報を本人に伝達しようとする場合には、医学的または精神的な影響等を

十分考慮し、必要に応じ、自らこれを実施し、または適切な施設の紹介等により、本人が遺伝カウンセリングを受けられるような体制を整えることとされている（個人遺伝情報保護ガイドラインⅡ.2.⑾）。遺伝子検査の対象者等は、検査等の結果を知りもしくは伝えられるに当たって、適切な社会的・心理的支援を受けることができるとの原則（基本原則第19、国際宣言11条、第1章2⑷参照）に基づく要請といえる。

　医師または医療従事者以外の者が遺伝カウンセリングを行う場合には、遺伝カウンセリングに習熟した医師、医療従事者等が協力して実施することも求められている。遺伝カウンセリングは、できる限り正確で最新の関連情報を本人に提供するように努めるとされる。本人が理解できる平易な言葉を用い、本人が十分理解していることを常に確認しながら進めることとされ、本人が望んだ場合は、継続して行うこととされている。

㈢　２次的サービス

　遺伝子検査の結果を踏まえて提供される事業者の２次的サービスについては、個人遺伝情報保護ガイドラインでは定めはないが、遺伝子検査ビジネス遵守事項1⑼では、遺伝子検査の結果を基にした２次的サービスを提供する際には、そのサービスの妥当性を示す科学的根拠や、サービスの代替法等に関する情報を、消費者が容易に入手できるよう努力しなければならないと定められている。（サービスの提供が難しくなった場合における）サービスの代替法等に関する情報の提供が求められるのは、遺伝子検査サービスの提供とあわせて説明される２次的サービスに対する消費者の期待を保護するためではないかと推察される。

㈣　体制面

㈎　個人遺伝情報取扱審査委員会の設置

　個人遺伝情報取扱事業者は、個人遺伝情報を用いた事業実施の適否等を審査するため、個人遺伝情報取扱審査委員会を設置することとされている[6]（個人遺伝情報保護ガイドラインⅡ.2.⒀）。ヒトゲノムに関する事業等の実施に当たっては、その計画について、独立で学際的かつ多元的

な倫理審査委員会より、科学的観点からの評価とともに、倫理的・法的・社会的観点を中心に、総合的に実施可否の審査を経なければならないとの原則（基本原則第 23、世界宣言 16 条、国際宣言 6 条(b)。**第 1 章 2 (5)** 参照）に基づく要請といえる。

　個人遺伝情報取扱審査委員会の役割は、個人遺伝情報保護ガイドラインに基づき、事業実施の適否等について、科学的、倫理的、法的、社会的および技術的観点から審査し、個人遺伝情報取扱事業者に対して文書により意見を述べることにある。意見の対象としては、次の(B)で述べる事業計画が重要であり、個人遺伝情報取扱審査委員会は、実施中の事業に関して、その事業計画の変更、中止その他、適正な事業実施のために必要と認める意見も述べることができるからである。

　個人遺伝情報取扱審査委員会は、独立の立場に立って、様々な立場の委員による多元的な視点から公正かつ中立的な審査を行えるよう、適切に構成することとされている。

　また、個人遺伝情報取扱審査委員会の議事の内容は、それが具体的に明らかとなるように公開することとされている。ただし、提供者等の人権、研究の独創性、知的財産権の保護または競争上の地位の保全に支障が生じるおそれのあるものは、個人遺伝情報取扱審査委員会の決定により非公開とすることができることとされている。

(B)　事業計画書の作成

　個人遺伝情報取扱事業者は、事業計画書の作成に当たり、事業に用いる個人遺伝情報の特殊性に十分配慮することとし、事業に伴い本人等に予想される様々な影響等を踏まえ、事業の必要性、本人等の不利益を防止するための方法等を十分考慮することとされている（個人遺伝情報保護ガイドラインⅡ.2.(14)）。

　事業計画書に記載する事項は、以下のとおりである。

---

6)　ただし、自社内での個人遺伝情報取扱審査委員会の設置が困難である場合には、共同事業者、一般社団法人、一般財団法人、学会または業界団体によって設置された個人遺伝情報取扱審査委員会をもってこれに代えることができるとされている。

- インフォームド・コンセントの手続および方法
- 個人情報の保護の方法
- 事業により予測される結果およびその開示の考え方
- 個人遺伝情報または試料の保存および使用の方法
- 遺伝カウンセリングおよび DNA 鑑定におけるカウンセリングの考え方

4　消費者向け（DTC）遺伝子検査の課題

　以上で述べてきたとおり、消費者向け（DTC）遺伝子検査には既に一定の規律が存在するが、課題の指摘もなされてきた。消費者向け（DTC）遺伝子検査ビジネスのあり方に関する研究会第 1 回（2020 年 9 月 17 日）資料 6 経済産業省「DTC 遺伝子検査ビジネスに係る検討の背景について」7 頁では、以下の課題が示されている。

- 科学的根拠について、エビデンスは蓄積されてきてはいるものの、妥当性については確立していないこと
- 検査の質の担保の仕組みが不十分との指摘があること
- 消費者への情報提供、消費者自身の理解も不十分なこと
- 医療との線引きがグレーな業態があること

　このような課題認識に対応する形で、2023 年に成立したゲノム医療推進法 17 条 1 項は、「国は、ゲノム医療に対する信頼の確保を図り、併せて国民の健康の保護に資するため、医療以外の目的で行われる個人の細胞の核酸に関する解析（その結果の評価を含む。）についても、科学的知見に基づき実施されるようにすることを通じてその質の確保を図るとともに、当該解析に係る役務の提供を受ける者に対する相談支援の適切な実施を図るため、必要な施策を講ずるものとする」と定めている（第 2 章 1 ⑺⑼参照）。

この規定における「医療以外の目的で行われる個人の細胞の核酸に関する解析」は、消費者向け（DTC）遺伝子検査を含むものであり、消費者向け（DTC）遺伝子検査に関する取扱いが初めて法律レベルで言及されたと評価できる。この規定は事業者に直接義務を課すものではないが、国は「必要な施策を講ずる」こととされており、今後国からいかなる施策が示されることになるか注目される。

　ゲノム医療推進法の施行を受けて、日本医学会・日本医学会連合、および日本医師会が 2024 年 3 月 13 日に公表した「『良質かつ適切なゲノム医療を国民が安心して受けられるようにするための施策の総合的かつ計画的な推進に関する法律』に関する提言」は、消費者向け（DTC）遺伝子検査ビジネスについて、「疾病易罹患性や肥満体質などの販売商品は、科学的根拠が極めて不十分であるし、妊婦の採血で胎児の父子鑑定を販売するビジネスは、中絶に結びつく可能性があり、胎児の生命を危険に晒す倫理的に大きな問題をかかえる商品である」として、「どのような根拠に基づき、どのように報告するかを含め、実用に耐える科学的・倫理的水準が確保できるように、国は責任を持って標準的な枠組みの策定を検討すべきである」としている。

第4章

DNA 鑑定

Point

DNA 鑑定とは、刑事事件あるいは民事事件に関連して、裁判所の命令、司法警察員・検察官、民間などからの依頼を受け、各種資料中に含有される DNA を抽出し、一部の構造を解析し、ヒトの個人識別や血縁鑑定、性別などの判定を行う鑑定業務を総称したものである[1]。

第3章で述べた体質検査等を目的とする遺伝子検査とは性質が異なるが、DNA 鑑定も消費者向けの事業として実施される場合がある。この場合には、個人遺伝情報保護ガイドラインが適用されるが、特に親子鑑定については、未成年者、乳幼児の福祉に最大限の注意を払うことなど、DNA 鑑定に固有の留意点がある。

DNA 鑑定は、刑事事件では、①捜査段階で、現場に遺留・付着した体液、唾液などの分泌物、毛髪等が被疑者や被害者に由来するものかを判定したり、死者の身元を確認する、②警察の保有する DNA 型データベースに DNA 型を登録・照合して被疑者を割り出したり余罪を明らかにしたりする、③犯人や犯罪事実を立証するための状況証拠の一つとして用いる、といった利用方法が想定される。特に③の犯人や犯罪事実を立証するための状況証拠としては、一歩間違えば冤罪につながるおそれがあることから、慎重な取扱いが求められる。警察による DNA 型記録の取扱いについては、個人のプライバシーとの関係で問題となり、特に無罪判決が確定した場合など、被疑者 DNA 型記録を保管する必要がなくなったときは、DNA 型データベースからデータを抹消されるべきである。

DNA 鑑定が用いられる民事事件の典型は、親子関係の存否が問題になる事案であるが、不法行為による損害賠償請求訴訟や保険金請求訴訟

---

1) 日本 DNA 多型学会「DNA 鑑定についての指針（2019 年）」（2019（令和元）年 12 月 24 日）2.。

などにおける加害者・被害者の特定のために用いられる場合もある。

1 個人遺伝情報保護ガイドライン等に基づく規律

DNA鑑定が消費者向けの事業として実施される場合には、個人遺伝情報保護ガイドライン等に基づく規律（第3章3参照）の適用を受ける。

DNA鑑定に固有の規律として、個人遺伝情報保護ガイドラインⅡ.2.⑿は、親子鑑定といったDNA鑑定に固有の留意事項を定めている。具体的には、個人識別や血縁関係の推定等を目的としたDNA鑑定においては、鑑定結果がもたらす法的な影響について、十分な法的知識・経験を有する者が協力して情報を提供し、助言を行うこととしている。また、親子鑑定においては、個人や家族の福祉を重んじることが大切であり、①未成年者、特に乳幼児の福祉には、最大限の注意を払い、②鑑定結果の影響が直接に及ぶ者、すなわち鑑定された父母と子や試料の提供者等の間に鑑定の実施について異論がないことに留意することに配慮することとしている。

遺伝子検査ビジネス遵守事項1⑶は、DNA鑑定分野においては、試料採取対象者から対面で同意を得なければならないと定めている。

一般社団法人遺伝情報取扱協会（AGI）（第3章3⑴ウ参照）の個人遺伝情報取扱事業者自主基準第4章第1項では、DNA鑑定分野（親子・血縁鑑定事業）に特有の遵守事項として、品質保証の仕組み等を受託の要件として定めている。

日本DNA多型学会DNA鑑定検討委員会「DNA鑑定についての指針（2019年）」3.では、資料採取、資料の取扱い、再鑑定への配慮、検査の品質の保証、鑑定書の記載といったDNA検査実施における留意事項が示されている。また同指針の4から10では検査するDNA領域の

選択、型判定、異同識別検査、微量な資料、高度に変性した資料、PCR阻害物質などへの配慮、混合資料への配慮、血縁鑑定、生物種の鑑定などの配慮事項や確認事項についても事項ごとに示されている。

2　刑事事件におけるDNA鑑定

(1)　DNA型鑑定とは[2]

　DNA型鑑定とは、一人ひとりのDNA（デオキシリボ核酸）に異なる部分があることに着目し、その異なる部分を比較することにより、個人を識別する鑑定法である。

　警察で行われるDNA型鑑定に使用されるのは、DNAのうち身体特徴や病気に関する情報が含まれていない部分であり、また、鑑定結果であるDNA型情報からも身体的特徴や病気が判明することはないとされる。この意味で、DNA型情報は、ゲノム医療においてゲノムデータ（塩基配列）に解釈を加え意味を有するものと定義される「ゲノム情報」（第2章2(1)参照）とは異なるものということができる。

　現在、警察で行われているDNA型鑑定は、主にSTR型検査法と呼ばれる方法で、STRと呼ばれる4塩基を基本単位とする繰り返し配列について、その繰り返し回数に個人差があることを利用し、個人を識別する検査方法である。染色体上には、3塩基から7塩基を基本単位とする繰り返し配列をもつ箇所が多数あり、この箇所はSTR型と呼ばれる。この繰り返し配列の回数には個人差があることから、その反復回数を調

---

2)　警察庁「警察白書平成20年」（2023年5月30日）（https://www.npa.go.jp/hakusyo/h20/honbun/html/kd320000.html）「特集：変革を続ける刑事警察」第3節2(2)参照。

べて、その繰り返し回数を「型」として表記して個人識別を行っている。

(2) 刑事手続における利用方法

DNA型鑑定の刑事手続での利用としては、典型的には以下の方法が想定される[3]。

> ① 捜査段階で、現場に遺留・付着した体液（血液や精液など）、唾液などの分泌物、毛髪等が被疑者や被害者に由来するものかを判定したり、死者の身元を確認する
> ② DNA型データベース（本書(3)参照）にDNA型を登録・照合して被疑者を割り出したり余罪を明らかにしたりする
> ③ 犯人や犯罪事実を立証するための間接証拠（状況証拠）のひとつとして用いる

特に③犯人や犯罪事実を立証するための間接証拠（状況証拠）の一つとして用いることについては、他の人物の体液等を混在させてしまうなど、一歩間違えば冤罪につながるおそれがあることから、慎重な取扱いが求められる。

DNA型鑑定の証拠価値について、最決平成12年7月17日刑集54巻6号550頁（足利幼女殺害事件）は、「本件で証拠の一つとして採用されたいわゆるMCT118DNA型鑑定は、その科学的原理が理論的正確性を有し、具体的な実施の方法も、その技術を習得した者により、科学的に信頼される方法で行われたと認められる。したがって、右鑑定の証拠価値については、その後の科学技術の発展により新たに解明された事項等も加味して慎重に検討されるべきであるが、なお、これを証拠として用いることが許されるとした原判断は相当である」と判示して、この証拠に基づく有罪判決に対する被告人の上告を棄却した。ところが、この事件はその後再審無罪判決（宇都宮地判平成22年3月26日判時2084号157頁）が下されており、その理由で、「当審で新たに取り調べられた

---

3) 笹倉香奈「刑事訴訟におけるDNA情報の証拠取扱い」法セ805号（2022年）36頁。

関係各証拠を踏まえると、本件DNA型鑑定が、前記最高裁判所決定に いう『具体的な実施の方法も、その技術を習得した者により、科学的に 信頼される方法で行われた』と認めるにはなお疑いが残るといわざるを 得ない。したがって、本件DNA型鑑定の結果を記載した鑑定書（第一 審甲72号証）は、現段階においては証拠能力を認めることができない から、これを証拠から排除することとする」とされた。

こうした経過からも、刑事訴訟におけるDNA型鑑定は、鑑定技術の 進展が認められるとしても、なお誤ることのあり得る発展途上の手法で あり、その証拠能力や証明力が絶対のものではないことを前提に検討す べきである[4]。

(3) 警察による DNA 型鑑定の運用と記録の取扱い

警視庁および道府県警察本部の科学捜査研究所が行う DNA 型鑑定の 運用については、警察庁より「DNA 型鑑定の運用に関する指針」（令和 6 年 3 月 29 日警察庁丙鑑発第 14 号・警察庁丙刑企発第 34 号）が発出され ている。

こうした DNA 型鑑定の運用を通じて、警察は DNA 型データベース を保有しており、DNA 型を登録・照合して被疑者を割り出したり余罪 を明らかにしたりするために利用している（（2)参照）。このような DNA 型データベースの取扱いに関しては、警察法施行令（昭和 29 年政令第 151 条）13 条 1 項に基づき、DNA 型記録取扱規則（平成 17 年国家公安 委員会規則第 15 号）が定められている。

DNA 型記録取扱規則のなかでも特に重要なのは、同規則 7 条 1 項が、 犯罪鑑識官は、「被疑者 DNA 型記録に係る者が死亡したとき」その他 「被疑者 DNA 型記録を保管する必要がなくなったとき」は、その被疑 者 DNA 型記録を抹消しなければならない旨を定めている点である。 DNA のデータベース運用は憲法上のプライバシー権の観点から問題と なることから[5]、犯罪捜査の際に被疑者から収集されたヒトゲノム情報

---

4) 笹倉・前掲注3）40 頁参照。

は、もはや必要でなくなった場合には抹消されるべきであるとの原則（国際宣言 21 条(b)参照。**第 1 章 2** (8)**参照**）に基づく取扱いといえる。

　ただ、この「被疑者 DNA 型記録を保管する必要がなくなったとき」（DNA 型記録取扱規則 7 条 1 項 2 号）がどのような場合を示すのかは解釈に委ねられている。2021 年 5 月 11 日に催された第 204 回国会参議院内閣委員会では、政府参考人（警察庁長官官房審議官猪原誠司）が「保管する必要がなくなったときに該当するか否かにつきましては、個別具体の事案に即して判断する必要があり、一概にお答えすることは困難であります。なお、警察が保有する被疑者写真、指紋、DNA 型のなかには、無罪判決が確定した方や不起訴処分となった方のものも含まれるところ、誤認逮捕といった場合には、その方の被疑者写真、指紋、DNA 型を抹消することとしております」と答弁している。

　特に無罪判決の確定者については、DNA 型情報を「保管する必要がなくなった」ものとして、抹消を警察に義務付けるべきであろう。名古屋地判令和 4 年 1 月 18 日判時 2522 号 62 頁は、逮捕、起訴されたものの無罪判決が確定した原告が国に対し捜査の際に取得された指紋・DNA 型・顔写真等のデータの抹消などを求めた事案において、人格権に基づく妨害排除請求として、指紋・DNA 型・顔写真のデータの抹消を命じた。

3　民事事件における DNA 鑑定

　DNA 鑑定が用いられる民事事件の典型は、親子関係の存否が問題に

---

5)　DNA 型情報の抹消の問題も含め、犯罪捜査のための DNA データベースの法的問題について、憲法や日米の比較法の観点から分析するものとして、山本龍彦「犯罪捜査のための DNA データベースと憲法——日米の比較法的研究」甲斐克則編『遺伝情報と法政策』（成文堂、2007 年）95 頁がある。

なる事案であるが、不法行為訴訟や保険金請求訴訟などにおける加害者・被害者の特定のために用いられる場合もある[6]。

　もっとも、民事事件においても DNA 鑑定が無限定に尊重されるものではなく、特に親子関係に関する嫡出推定（民法 772 条[7]）を覆せない場合もある。最判平成 26 年 7 月 17 日民集 68 巻 6 号 547 頁は、夫と民法 772 条により嫡出の推定を受ける子との間に生物学上の父子関係が認められないことが科学的証拠により明らかであり、かつ、夫と妻が既に離婚して別居し、子が親権者である妻のもとで監護されているという事情があっても、親子関係不存在確認の訴えをもって父子関係の存否を争うことはできないと判示した。

　DNA 鑑定が民事訴訟に登場する経路としては、主に以下の二つが想定される[8]。

- ・　証拠調べとしての鑑定（民訴法 212 条以下）
　　裁判所の選任した鑑定人が鑑定資料（DNA 情報が存在する細胞等）を鑑定し、鑑定書・鑑定人質問などを通じて鑑定意見を述べる。
- ・　証拠調べとしての書証（民訴法 219 条以下）
　　当事者が依頼した専門家・専門業者が作成した DNA 鑑定書のほか、刑事手続において捜査機関によって実施された DNA 鑑定の結果が提出されることもある。

---

6)　堀清史「民事訴訟における DNA 情報の証拠取扱い」法セ 805 号（2022 年）31 頁。

7)　民法の嫡出推定制度の見直し等を内容とする民法等の一部を改正する法律（令和 4 年法律第 102 号）により、婚姻の解消等の日から 300 日以内に生まれた子は、前夫の子と推定するとの原則は維持しつつ、無戸籍者問題を解消する観点から、母が前夫以外の男性と再婚した後に生まれた子は、再婚後の夫の子と推定するとの例外が設けられた。

8)　堀・前掲注 6) 30 頁。

Point

　ゲノム情報は基本的に生涯変化することがない究極のプライバシー情報であり、仮に不適切に扱われた場合には、保険加入や雇用、結婚、教育などの場面において、本人や血縁者に対する不当な差別その他の不利益につながるおそれがある。自己のゲノム情報が示す遺伝的特徴を理由にして差別されてはならないことは、ユネスコの「ヒトゲノムと人権に関する世界宣言」や「ヒト遺伝情報に関する国際宣言」に基づく国際的な要請である。

　諸外国では、こうしたゲノム情報に基づく差別その他の不利益の防止が法制化されている国もあるが、我が国ではそのような法律が存在せず、法整備の必要性が唱えられていた。2023 年に成立したゲノム医療推進法 16 条では、「国は、ゲノム医療の研究開発及び提供の推進に当たっては、生まれながらに固有で子孫に受け継がれ得る個人のゲノム情報による不当な差別その他当該ゲノム情報の利用が拡大されることにより生じ得る課題（……）への適切な対応を確保するため、必要な施策を講ずるものとする」と定められている。これは事業者に直接義務を課す規定ではないが、今後国からいかなる施策が示されるか注目される。

　いずれにしても、何をもって「不当な差別」や「不利益」と評価するかはゲノム情報に限らず難しい問題であり、そもそもヒトゲノムを特別視するかという問題（遺伝子例外主義の妥当性の問題）も含めて、ケースごとに判断する必要がある。典型的には、保険分野や雇用分野で問題となりやすい。

　保険分野では、保険会社が危険選択において、顧客に遺伝子検査の結果の開示や受検を求めたり、その情報を利用できるかという問題となる。本人に責任のない（自らの力で変えることのできない）ゲノム情報に基づいて、保険への加入可否や保険料が決まることは「不当な差別」であるとの見方がある。一方、保険会社がそうした危険選択を行えないとす

ると、遺伝子検査によって自らの疾病リスクが高いと知りながら保険加入するという「逆選択」が起きる可能性があり、その妥当性が問題となる。米国やドイツでは、こうした保険会社による危険選択が禁止されているが、禁止の対象となる保険商品や危険選択の範囲は異なっている。我が国では、ゲノム情報に基づく危険選択を明示的に禁止する法律はないが、保険業法には保険会社による「不当な差別的取扱い」を禁止する規定があり、この解釈問題と捉えることもできる。

雇用分野では、使用者が被用者に対して、ゲノム情報に基づく採用拒否・解雇・雇用条件の差別などの取扱いを行うことが問題となり、米国やドイツでは法律により禁止されている。我が国ではこのような差別的取扱いを直接禁ずる法律は存在しないが、「雇用管理分野における個人情報のうち健康情報を取り扱うに当たっての留意事項」は、事業者が労働者の遺伝性疾病に関する情報を取得することを原則として禁じている。

なお、従来はこのような差別の問題を論ずる際には、「遺伝情報」という言葉が用いられることが多かった。しかし、**第2章2(1)**で述べたとおり、「遺伝情報」よりも「ゲノム情報」の方がより包摂的な概念といえ（概念上両者を区別することはできるが、実務上区別することは容易でない）、ゲノム医療推進法も「生まれながらに固有で子孫に受け継がれ得る個人のゲノム情報による不当な差別」と定めていることから、以下では、かつての議論や固有の法律における表記等に触れる場合を除き、「ゲノム情報」という表現を用いることとする。

[図表2-20]　世界宣言、国際宣言、基本原則における遺伝情報に基づく差別防止への言及

ヒトゲノムと人権に関する世界宣言	6条 　何人も、遺伝的特徴に基づいて、人権、基本的自由および人間の尊厳を侵害する意図または効果をもつ差別を受けることがあってはならない。
ヒト遺伝情報に関する国際宣言	7条　差別しないことおよび烙印を押さないこと (a)　ヒト遺伝情報およびヒトプロテオーム情報は、個人の人権、基本的自由、人間の尊厳を侵害する意図、もしくは侵害する方法により差別する目的のために、あるいは個人、家族、集団もしくは共同体に烙印を押すことにつながる目的のために用いられないことを保証するあらゆる努力がなされるべきである。

	(b)　この点で、集団遺伝解析研究や行動遺伝学研究から得られる知見や解釈には適切な注意が払われるべきである。
ヒトゲノム研究に関する基本原則	第16（差別の禁止） 　提供者の遺伝情報は、人としての多様性を示す基盤であり、提供者は、研究の結果明らかになった自己の遺伝情報が示す遺伝的特徴を理由にして差別されてはならない。

1　総論
［諸外国の法制と我が国の現状］

　諸外国では、ゲノム情報に基づく差別その他の不利益の防止が法制化されている国がある[1]。例えば、米国で2008年に連邦法として制定された Genetic Information Nondiscrimination Act（GINA：遺伝情報差別禁止法）は、一定の範囲で保険分野や雇用分野における遺伝情報に基づく差別を禁止している[2]。また、州法レベルでも、連邦法の上乗せとしての規制を定める州がある。ドイツで2009年に制定された Gesetz über genetische Untersuchungen bei Menschen（Gendiagnostikgesetz – GenDG：遺伝子診断法）は、遺伝的特性に基づく不利益取扱いを防止するために、保険の領域や労働関係における遺伝子検査に関する規制を

---

1)　以下、2014年度厚生労働科学研究費補助金厚生労働科学特別研究事業「遺伝情報・検査・医療の適正運用のための法制化へ向けた遺伝医療政策研究」総括・分担研究報告書（研究代表者：高田史男）、2016年度厚生労働行政推進調査事業補助金厚生労働科学特別研究事業分担研究報告書「米国とカナダにおける遺伝情報に基づく差別をめぐる法的規制の動向に関する研究」（研究代表者：武藤香織）参照。
2)　山本龍彦＝一家綱邦「アメリカ遺伝情報差別禁止法」年報医事法学24号（2009年）241頁において解説されている。

定めている[3]。フランスでは 1994 年に制定された生命倫理法と総称される三つの法律（保健分野における研究を目的とする記名データの取扱いに関し、情報・ファイル・および諸自由に関する 1978 年 1 月 6 日法律第 17 号を変更する 1994 年 7 月 1 日法律第 548 号、人体の尊重に関する 1994 年 7 月 29 日法律第 653 号、人体の諸要素およびその生成物の提供および利用、生殖補助医療、および出生前診断に関する 1994 年 7 月 29 日法律第 654 号）が 2004 年に改正された際に、民法典に何人も、遺伝的特徴に基づく差別の対象とすることはできない旨が明記された。韓国で 2003 年に成立した生命倫理および安全に関する法律（生命倫理安全法）は、遺伝情報に基づいた教育・雇用・昇進・保険に関する差別の禁止のほか、遺伝学的検査の受検・検査結果の提出の強制を禁止している。

一方、我が国ではそのような法律が存在せず、法整備の必要性が唱えられていた[4]。日本医学会・日本医学会連合、および日本医師会が連名で 2022 年 4 月 6 日に公表した「『遺伝情報・ゲノム情報による不当な差別や社会的不利益の防止』についての共同声明」では「国は、遺伝情報・ゲノム情報による不当な差別や社会的不利益を防止するための法的整備を早急に行うこと」、「関係省庁は、保険や雇用などを含む社会・経済政策において、個人の遺伝情報・ゲノム情報の不適切な取り扱いを防止したうえで、いかに利活用するかを検討する会議を設置し、我が国の実情に沿った方策を早急に検討すること」などが要望されていた。

そこで、2023 年に成立したゲノム医療推進法 16 条では、「国は、ゲノム医療の研究開発及び提供の推進に当たっては、生まれながらに固有で子孫に受け継がれ得る個人のゲノム情報による不当な差別その他当該

3）　清水耕一『遺伝子検査と保険——ドイツの法制度とその解釈』（千倉書房、2014 年）では、ドイツにおける遺伝子診断法の立法経緯、条文の日本語訳および論点等が詳細にまとめられている。以下で述べる遺伝子診断法の解説は、この日本語訳に基づく。

4）　2016 年度厚生労働行政推進調査事業補助金厚生労働科学特別研究事業分担研究報告書「遺伝情報の利用や差別的取扱いへの一般市民の意識に関する研究」（研究代表者：武藤香織）によれば、インターネット調査を実施した結果、遺伝情報に基づく差別や不適切な取扱いを受けた経験がある者が約 3％いたとされる。

ゲノム情報の利用が拡大されることにより生じ得る課題……への適切な対応を確保するため、必要な施策を講ずるものとする」と定められている（第2章1⑺㋖参照）。これは事業者に直接義務を課すものではないが、国は「必要な施策を講ずる」こととされており、今後国からいかなる施策が示されることになるか注目される。

　ゲノム医療推進法の施行を受けて、同じく日本医学会・日本医学会連合、および日本医師会が連名で2024年3月13日に公表した「『良質かつ適切なゲノム医療を国民が安心して受けられるようにするための施策の総合的かつ計画的な推進に関する法律』に関する提言」は、「法務省人権擁護局が所掌する人権相談において、ゲノム情報に基づく差別に関する相談を受け付けられる体制及び、人権擁護機関による救済措置の対象となる体制を整えるべきである」、「ゲノム情報が明らかにされたことにより、患者、血縁者らが就職、結婚、保険加入などにおいて、不当な不利益や差別を受けることがないよう罰則のある法律を策定すべきである」といった提言を行っている。

　いずれにしても何をもって「不当な差別」や「不利益」と評価するかはゲノム情報に限らず難しい問題であり、そもそもヒトゲノム情報を特別視するかという問題（遺伝子例外主義の妥当性。第1章1参照）も含めて、ケースごとに判断する必要がある。以下では、「不当な差別」や「不利益」の生じ得る典型的な領域として議論されている保険分野と雇用分野について述べる。

2　保険分野

(1)　問題の所在

　保険会社が危険選択（保険契約に際し、保険会社が申込者の健康状態等

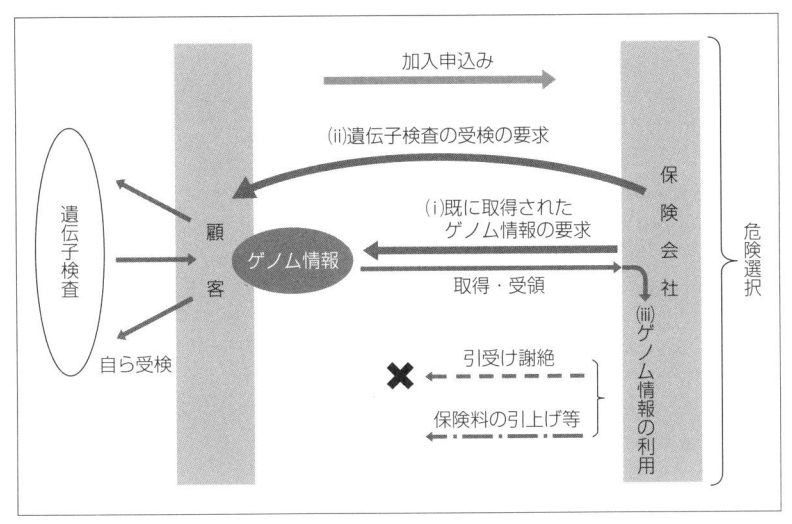

出典：吉田和央「遺伝子検査と保険の緊張関係に係る一考察——米国及びドイツの法制を踏
　　　まえて」生命保険論集 193 号（2015 年）272 頁図 3 を基に作成。

のリスクを考慮のうえ、加入の可否や保険料を決定すること）において、顧
客に遺伝子検査の結果の開示や受検を求めたり、その情報を利用できる
かが問題となる。

　例えば、ある個人 X が遺伝子検査を受けて、将来アルツハイマー病
になるリスクが高いことが判明したとする。この場合、X は将来に備え
て介護保険に加入することができるか。

　保険会社の立場からすれば、X は将来アルツハイマー病になるリスク
が高いことが判明したのであれば、保険の引受けの謝絶や保険料の引上
げを検討するかもしれない。また、そのようなゲノム情報を得るために、
X に対して遺伝子検査の結果の告知や遺伝子検査の受検を求めたいと考
えるかもしれない。そうしないと、X が自身のリスクが高いことを知り
ながら保険に加入するという「逆選択」（遺伝子検査により自らが将来疾
病にかかりやすいと自ら知って保険加入をしようとした顧客について、保険
会社が加入を拒んだり、保険料を引き上げられないと、リスクの高い者が保

険集団に集積し、保険制度の破綻を招く危険性があるとされる行為）を招くおそれがあるためである。

　他方、Xの立場からすれば、自己の力で変えることのできないゲノム情報に基づいて保険の引受けが謝絶されたり、保険料が引き上げられたりすることは差別であると感じるかもしれない。また、ゲノム情報という究極のプライバシー情報を保険会社に伝えたくないと思うかもしれない。そもそも自己のゲノム情報は知りたくないとして、保険会社から遺伝子検査の受検を求められること自体を不当であると考えるかもしれない。

　このように、保険会社が顧客に遺伝子検査の結果の開示や受検を求めたり、その情報を利用することについては、保険会社と顧客のそれぞれの立場から様々な議論が想定される。

(2)　海外の制度や議論を踏まえた分析[5]

　このような問題について、欧米を中心とした諸外国では、保険会社によるゲノム情報に基づく危険選択を制限する制度が設けられている。もっとも、各国の制度は一様ではない。

　まず、制度の枠組みとして、①法律上の制度が設けられている国（米国、カナダ、オーストリア、オランダ、スイス、スウェーデン、ドイツ、フランス）、②政府と保険業界の協定が設けられている国（英国、シンガポール）、③保険業界の自主規制が設けられている国（オーストラリア、香港）がある[6]。

---

5)　詳細は、吉田和央「遺伝子検査と保険の緊張関係に係る一考察——米国及びドイツの法制を踏まえて」生命保険論集 193 号（2015 年）257 頁参照。このほかにも遺伝子検査と保険に関する論考は数多く存在するが、比較的近時のものとして、宮地朋果「日本における保険会社と遺伝子差別をめぐる一考察」生命保険論集 209 号（2019 年）33 頁、横野恵「生命保険におけるゲノム情報の取り扱いに関する法的・倫理的課題」生命保険論集 209 号（2019 年）75 頁、三重野雄太郎「保険領域における遺伝情報の利用をめぐる諸問題」生命保険論集 210 号（2020 年）155 頁、横野恵「生命保険におけるゲノム情報の取扱いのあり方に関する課題」生命保険論集 218 号（2022 年）165 頁がある。

[図表 2-22]　米国の遺伝情報差別禁止法とドイツの遺伝子診断法の比較

	(ii)遺伝子検査の受検の要求	(i)既に取得されたゲノム情報の要求 (iii)ゲノム情報の利用
米国： 遺伝情報差別禁止法	医療保険	
ドイツ： 遺伝子診断法	全ての保険	・生命保険、就業不能保険、年金保険以外の保険（医療保険等） ・生命保険、就業不能保険、年金保険のうち、給付額が 30 万ユーロを超えず、かつ、年金額が年額 3 万ユーロを超えないもの

出典：吉田和央「遺伝子検査と保険の緊張関係に係る一考察――米国及びドイツの法制を踏まえて」282 頁図 4 を基に作成。

　また、禁止行為の範囲にも差異がある。例えば、米国の遺伝情報差別禁止法では、顧客に対する(i)既に取得されたゲノム情報の要求、(ii)遺伝子検査の受検の要求、(iii)ゲノム情報の利用の禁止の対象は、いずれも医療保険に限られている。したがって、医療保険以外の保険（例えば、生命保険や就業不能保険等）については、これらの行為は禁止されないことになる。

　これに対して、ドイツの遺伝子診断法では、(ii)遺伝子検査の受検の要求と、(i)既に取得されたゲノム情報の要求および(iii)ゲノム情報の利用との間で、その禁止の対象となる保険の範囲が異なっている。すなわち、(ii)遺伝子検査の受検の要求は、全ての保険に関して例外なく禁止されているのに対して、(i)既に取得されたゲノム情報の要求および(iii)ゲノム情報の利用については、給付額が 30 万ユーロを超えるかまたは年金額が年額 3 万ユーロを超える生命保険、就業不能保険および年金保険について、その禁止が解除されている。

---

6)　奥山絹代「保険分野におけるゲノム情報の取扱いについて――欧米における関連法規制を中心として」損保総研レポート 146 号（2024 年）12 頁参照。

ゲノム情報に基づく危険選択を制限すべきかについては、ⓐ顧客側からの、本人に責任のない遺伝的特徴（ゲノム情報）に基づき保険加入の可否がかわるのは、「不当な差別」であるという主張とⓑ保険会社側からの、ゲノム情報に基づく危険選択を禁止されてしまうと、顧客の「逆選択」を招くという主張が大きな対立関係に立つ。もっとも、問題はそう単純ではなく、以下では筆者が特に重要と考える観点をいくつか示す。

㋐　本人に責任のない事項に基づく危険選択は「不当な差別」か（既往歴に基づく危険選択との比較）

　本人に責任のない遺伝的特徴に基づき保険加入の可否が変わるのは、「不当な差別」であるという顧客側の主張は、一見もっともな議論のようにも思える。しかし、このような本人に責任のない事由に基づく危険選択は、現行の保険実務において既に実施されており、遺伝子検査に限って特別に問題となるものではない。

　すなわち、現行の保険実務においては、顧客の既往歴（現在や過去の病歴）の情報に基づく危険選択が行われているが、それらの病歴の全てが本人に責任のある事由とはいえない。例えば、アスベストといった環境が主たる原因でがんに罹患する場合もあるが、その原因の全てを本人に帰責することは無理があるだろう[7]。しかし、そのように過去にがんに罹患したことのある顧客が保険加入を申し込んだ際、その病歴に基づき保険料が通常より引き上げられたからといって、本人の責任のない事由に基づく「不当な差別」であるとは、一般に捉えられていない。これと同様に、ゲノム情報に基づく危険選択についても、たとえゲノム情報

　7）　例えば、たばこのような生活習慣が招いたがんについては、本人の責任に帰すべき事由も含まれ得るが、その場合であっても、がんの全ての原因が本人の責任であることは稀であるし、そもそもある疾病についてそれが本人の責任であるか、本人に責任のない環境やゲノムによるものかの厳密な区別を行うことは困難である（Thomas H. Murray, *Genetic Exceptionalism and "Future Diaries": Is Genetic Information Different from Other Medical Information?*, in Genetic Secrets: Protecting Privacy and Confidentiality in the Genetic Era 69（Mark A. Rothstein ed., 1997）参照）。

が本人に責任のない事由であったとしても、そのことをもって直ちに危険選択が「不当な差別」であると評価することは困難なのではないか。

㈢　ゲノム情報と既往歴の区別

　現行の医療情報（既往歴）に基づく危険選択を維持する一方で、仮にゲノム情報に基づく危険選択を禁止する選択をした場合、実務上、医療情報とゲノム情報を区別して取り扱うことができるかという問題も生じる。理論上は、医療情報とは既に発病した現在または過去の疾病に関する情報と、ゲノム情報とは未だ発病していないものの将来の疾病のリスクを高める情報と、一応区別することができそうであるが、実務上は、その線引きが容易でない場合も想定される。

　例えば、ある遺伝子が将来特定の疾病を引き起こす高度の蓋然性がある場合（特に指定難病であるハンチントン病のような単一遺伝子疾患の場合）、その遺伝子を保有していること自体で既に疾病を発症していることと実質的に同視されるという見解もあり得るのである。

　また、医療機関において、現実的に医療情報とゲノム情報を区別して取り扱うことができるかという問題もある。ゲノム医療の進展により、ゲノム情報がカルテの一部となり、医師が診断、投薬を含む治療、予防計画などを判断するための情報として用いられる個別化医療の時代が到来した現代において、医療情報とゲノム情報を区別して取り扱うことが可能か（両者を区分して保険会社に提供できるのか）という疑問も生じる[8]。

㈣　制約の論拠の差異

　ゲノム情報に基づく危険選択を禁止されてしまうと、顧客の「逆選択」を招く（遺伝子検査により自らが将来疾病にかかりやすいと自ら知って保険加入をしようとした顧客について、保険会社が加入を拒んだり、保険料

　8）　ゲノム情報と医療情報を区別することの実務的な困難性を示唆するものとして、Anya Prince, *Genetic Information and Medical Records – A Cautionary Tale for Patients, Healthcare Professionals, and Insurance Companies*, 24 No.5 Health Law. 29, 30（2012）がある。

を引き上げられないと、リスクの高い者が保険集団に集積し、保険制度の破綻を招く）という保険会社側の主張は、上記の(i)既に取得されたゲノム情報の要求および同(iii)ゲノム情報の利用を禁止する場合には、理論上は妥当する[9]。

　一方、上記の(ii)保険会社が顧客に対して遺伝子検査の受検を要求することを禁止したとしても、顧客が自らのゲノム情報（疾病リスク）を既に知っていることが前提とはならないから、直ちに顧客による「逆選択」の懸念は生じないといえる。つまり、「逆選択」の懸念は(ii)保険会社が顧客に対して遺伝子検査の受検を要求することを制約する論拠としては弱い。

　むしろ、(ii)保険会社が顧客に対して遺伝子検査の受検を要求することの禁止については、「知らないでいる権利」（基本原則第14。**第1章2(2)**参照）の観点から正当化されやすい。ドイツの遺伝子診断法の目的であ

---

9)　ただし、この点は、顧客の行動（自らの遺伝情報を知ることが保険加入行動にどの程度影響を与えるか）や保険会社の財務（保険プールにおけるリスクの集積が保険会社の財務にどの程度の悪影響を与えるか）等に関する実証分析が必要である。米国やドイツなどの諸外国では既に遺伝情報に基づく危険選択が一定の範囲で禁止されているが、この規制によって保険会社が破綻したりしたという情報は今のところ聞かない。この理由として様々な説明が考えられるが、例えば、①分析に必要な期間が十分に経過しておらず、逆選択等の問題が顕在化していない、②自らの遺伝情報を知ることが顧客の行動（逆選択）に与える影響の程度は疾病や保険の種別により様々である、③危険選択の禁止の対象が一部の保険に限定されているため、仮にその部分で逆選択等が生じたとしても、それ以外の保険がカバーすることで、保険会社の財務に致命的な影響を及ぼすには至っていないといった仮説を立てることができる。

　②に関しては、例えば、アルツハイマー病にかかりやすい遺伝子（Apolipoprotein E の対立遺伝子）の保因者であるという開示を受けた者は、開示を受けていない者に比べて5.76倍、介護保険を購入する傾向にあるとの調査結果がある（Cathleen D. Zick et al., *Genetic Testing for Alzheimer's Disease and Its Impact on Insurance Purchasing Behavior*, 24 Health Aff. 483, 487 (2005)）。その一方で、乳がんや子宮がんにかかりやすい遺伝子（BRCA 1）の保因者であることが判明した女性は、そうでない女性と比べて、生命保険を多く購入する傾向には必ずしもないとする調査結果もある（Cathleen D. Zick et al., *Genetic Testing, Adverse Selection, and the Demand for Life Insurance*, 93 Am. J. Med. Genetics 29, 29-32, 35-38 (2000)）。

る自己情報コントロール権は、自己のゲノム情報を知らないでいる権利を含んでおり[10]、(ii)保険会社が顧客に対して遺伝子検査の受検を求めることについての一律の（全ての保険についての）禁止は、この観点から説明できる。

(エ)　政策的な考慮の必要性（基礎的保険論）

ゲノム情報に基づく保険会社の危険選択の禁止については、差別禁止といった観点から議論されることが多いが、各国の制度の背後には政策的な考慮もあるのではないかというのが筆者の見立てである。そうした政策的な考慮を説明できるものとして、「基礎的保険論」がある。

「基礎的保険」（basic insurance）とは、ヨーロッパ人類遺伝学会が2000年に発表した勧告で提唱されている考え方であり、基礎的と評価される保険においては、保険会社によるゲノム情報の利用が制限され、顧客は同一の保険料を支払うことで遺伝的不利を互いに補い合うことができるとするものである[11]。何が基礎的保険に該当するかは、各国における社会的政治的な議論を経るものとされているが、公的保険のみならず私保険も含み得ることが示されている。

このような基礎的保険の定義は抽象的で難解であるが、その要点は、公的保険と私保険との中間に位置付けられる保険を作り出すものと理解することができる。典型的な私保険と公的保険（例えば健康保険）の違いとして、私保険においては、①保険会社に危険選択が許される一方、②加入は任意であるのに対して、公的保険においては、①危険選択は行われない一方、②強制加入であるという点を挙げることができる。基礎的保険論は、このような私保険と公的保険の関係を修正し、私保険であっても、基礎的保険と認定されるものについては、公的保険と同様に

---

10)　清水・前掲注3）47〜48頁参照。
11)　Genetic information and testing in insurance and employment: technical, social and ethical issues, Recommendations of the European Society of Human Genetics, European Journal of Human Genetics（2003）11, Suppl 2, S11–S12（https://www.nature.com/articles/5201116）.

保険会社による危険選択を制限し、遺伝的不利にかかわらず平等に保険に加入する機会を提供するものと理解することができる。

[図表 2-23]　基礎的保険論の位置付け

	危険選択	強制加入
公的保険	×	○
私保険	○	×
基礎的保険と認定された私保険	× ※ゲノム情報に基づく危険選択が禁止される。	×

　米国の遺伝情報差別禁止法やドイツの遺伝子診断法のいずれの立法趣旨においても、「基礎的保険」の考え方は明示されていない。しかし、以下の理由から、両者は実質的には「基礎的保険」に近い考え方をその背景に持っていると評価できる。

　米国の遺伝情報差別禁止法では、上記の(i)顧客が既に取得したゲノム情報の要求、同(ii)の遺伝子検査の受検の要求および同(iii)のゲノム情報の利用の禁止の対象は、いずれも医療保険に限定されている。ドイツの遺伝子診断法でも、(ii)遺伝子検査の受検の要求は全ての保険に関して例外なく禁止されているものの、(i)顧客が既に取得したゲノム情報の要求および(iii)ゲノム情報の利用の禁止は、一定の保険（医療保険や給付額が一定額以下の生命保険等）に限定されている。このような禁止対象となる保険の制限は、米国の遺伝情報差別禁止法やドイツの遺伝子診断法の目的として明示されている、遺伝子差別の防止や自己情報コントロール権の保護といった論拠だけでは、合理的に説明することは困難である。これらの論拠は、保険の種別や金額にかかわらず（たとえ高額の生命保険等であっても）妥当するためである[12]。

　このような禁止対象の制限を合理的に説明するために、保険の種別や金額に応じた社会的な役割の違いが指摘されている。例えば、米国では、医療保険が、医師の訪問や病院などの日常的な医療に伴って直ちに生じ

る費用を補償するのに対して、生命保険は、将来の被保険者の死亡に伴って保険金受取人に金銭を交付する点では保険金受取人にとっての将来のファイナンシャルプランニングの手段と評価することができ、医療保険の方が生命保険より遺伝子差別を禁ずる必要性が高いとの指摘がある[13]。また、米国ではかつて国民皆保険が存在しなかったところ[14]、民間の医療保険に加入できないということは、事実上医療を受けられないことにつながったので、私保険であっても医療保険についてはゲノム情報に基づく加入制限が回避されなければならなかったとの指摘もある[15]。一方、ドイツでは、米国と異なり（医療保険のみならず）一定金額以下の生命保険も危険選択の禁止の対象に含められている点について、欧州では生命保険も医療保険と同様に一定の限度で（保険金額が一定金額以下のものであれば）基本的な社会経済的な権利と考えられているからであるとの指摘がある[16]。

　これらの説明は各国における私保険制度の位置付けや政策に関わる問題であり、本書ではその詳細には立ち入らない[17]。しかし、いずれの説明にも共通するのは、私保険のうち一部の保険（基礎的保険）に特別な

---

12)　現に、ドイツ国内においては、遺伝子診断法の立法過程において、なぜ高額の生命保険や就業不能保険等に対して禁止が及ばないのかといった批判がなされている（清水・前掲注3）174 ～ 175 頁）。また、米国の遺伝情報差別禁止法の立法過程においても、何故その禁止が医療保険に限定されるのかについての明確な理由は明らかにされていない。この点については、生命保険業界等の強力なロビー活動によるものであるという説明もあるが、いずれにしても合理的な理由とは評価できない（Brianna E. Kostecka, *GINA Will Protect You, Just Not from Death: The Genetic Information Nondiscrimination Act and Its Failure to Include Life Insurance within Its Protections*, 34 Seton Hall Legis. J. 93, 107（2009）参照）。

13)　Christopher M. Keefer, *Bridging the Gap Between Life Insurer and Consumer in the Genetic Testing Era: The RF Proposal*, 74 Ind.L.J. 1375, 1383-1384, 1392

14)　この点は、2010 年に成立した患者保護ならびに医療費負担適正化法（Patient Protection and Affordable Care Act）（通称オバマケア）によって一部変更されたと評価できる。

15)　清水・前掲注3）139 ～ 140 頁。

16)　Mahati Guttikonda, *Addressing the Emergent Dilemma of Genetic Discrimination in Underwriting Life Insurance*, 8 N.Y.U. J. Legis. & Pub. Pol'y 457, 468（2005）.

社会的役割を認め、そのような性質を持つ保険に限っては、保険会社によるゲノム情報に基づく危険選択を制限する点である。こうした観点から我が国の制度を見た場合、公的保険としての国民皆保険制度が比較的充実していることから、基礎的保険論の考え方を採る必要は相対的に乏しく、したがってゲノム情報に基づく危険選択を制限する必要も相対的に小さいとも考えられそうである。

(3) 我が国における現状の取扱い

　保険会社によるゲノム情報に基づく危険選択の是非については、我が国では 2000 年代前半に活発に議論が行われたが、具体的な法制化や指針の策定等の実現には至っていない。ゲノム情報の危険選択への利用に関しては我が国の法制度に照らしても様々な法的課題があるが、例えば、生来変えることのできないゲノム情報に基づいて保険が謝絶されたり保険料が引き上げられたりすることは、保険業法で禁止される「不当な差別的取扱い」（保険業法 5 条 1 項 3 号ロ・4 号ロ参照）に当たるのではないかという問題がある。

　現行実務においては、既往歴に基づく危険選択（保険引受けの謝絶や保険料の引上げなど）は、それが保険数理上合理性を有する限りにおいては、「不当な差別的取扱い」には該当しないと解される。これと同様に、ゲノム情報に基づく危険選択についても、それが保険数理上合理的な危険選択と評価できるのであれば[18]、「不当な差別的取扱い」には該当せず[19]、許容する余地はあると考えられる。

　保険会社が遺伝子検査の受検を顧客に要求することも、現行保険業法または保険法上直ちに禁じられるものではないと考えられる。この点、憲法 13 条に基づく人格権を根拠として、個人は「自身の遺伝子上の構造を知らないでいる権利を有する」としたうえで（**第 1 章 2 (2)参照**）、

---

17)　遺伝子検査に関して公的保険と私保険の役割分担を論じるものとして、宮地朋果「遺伝子情報と保険」FSA リサーチ・レビュー 2 号（2005 年）120 頁以下参照。

そのような人格権を民法 1 条 2 項を通じて私法関係に読み込むことにより、現行法下でも保険会社による遺伝子検査の受検の要求は禁止されているとする考え方もある[20]。しかし、人格権が直ちに私人の行為の禁止根拠となるか否かについては一般的に議論のあり得るところであるし、「自身の遺伝子上の構造を知らないでいる権利」の範囲も明確でないことから、具体的な立法なしに禁止規範を導くことは無理があるように思われる。

　いずれにしても、我が国の保険実務では、現在のところ、引受審査の際に、遺伝学的検査結果の収集・利用は行われていないようである[21]。

---

18)　特定の遺伝子が疾病リスクを高めるにすぎない多因子疾患（**第 2 章 1 (1)(イ)参照**）については、特定の遺伝子配列の違いと疾病罹患リスクとの関連性は仮説段階のものから医学上の定説になりつつあるものまで様々であり、また、複数の遺伝要因が想定されているほか環境要因が大きく影響することから、ごく一部の遺伝子配列の違いに基づき疾病罹患リスクを判定するには限界がある。このような多因子疾患に係る保険会社の危険選択が客観的に合理的であるためには、遺伝子と疾患との関係について、客観的な医学的根拠を十分に有しなければならない。仮に遺伝子検査が専門家から見てその医学的根拠が十分とはいいがたい場合には、そのような遺伝子検査の結果に基づいて行われる危険選択は、合理的な危険選択とは評価できないことになろう。なお、米国の一部の州法では、遺伝情報を危険選択に用いる際には、その遺伝子検査が予想される保険金支払実績と合理的に関連していること（ニュージャージー州等）や健全な保険数理に基づいていること（メリーランド州等）などが要件として明示されている。

19)　これに対して、「不当な差別的取扱い」は評価を伴う概念であるから、たとえ保険数理上の合理性があったとしても、遺伝情報に基づく危険選択はなお「不当な差別的取扱い」に当たるのではないかとの議論もあり得る。我が国では、男女の死亡率などの差を反映して男女別に保険料を設定することが多く、客観的な統計に基づいた区別であれば保険数理上は合理的といえるが、欧州司法裁判所は 2011 年 3 月、保険会社が性別により保険料率に差を設けることは EU 指令に違反する旨の判断を下した（詳細は、桑岡和久「統計に基づく性別による保険料の区別と男女の平等——EU 法及びドイツ法における男女平等取扱原則による保険契約の規制」甲南法学 59 巻 1・2 号（2019 年）1 頁参照）。保険会社による契約の自由とも関係する難しい問題である。

20)　石原全「生命保険契約と遺伝子検査」法セ 573 号（2002 年）30 頁。

21)　生命保険協会「生命保険の引受・支払実務における遺伝情報の取扱につきまして」（2022 年 5 月 27 日）、損害保険協会「損害保険の引受・支払実務における遺伝情報の取扱につきまして」（2022 年 5 月 27 日）。

なお、金融庁は 2017 年、「遺伝」に関する記載が保険約款に残っていた保険会社に対して、実際に使用していない文言が約款等に残っていることは、そのような情報が引受審査に利用されているという誤解を与えかねないとして、削除を求めた経緯がある[22]。また、金融庁は、業界団体との意見交換会（生命保険協会：令和 5 年 7 月 21 日、日本損害保険協会：令和 5 年 7 月 20 日）において、ゲノム医療推進法の成立を受けて、各保険会社においては、「引受や支払の際に遺伝学的検査結果やゲノム解析結果の収集・利用は行っていないことや、また、ゲノム情報による不当な差別を決して行わないことについて改めて徹底するなど、引き続き適切な対応をお願いしたい」との指導を行っている。

3　雇用分野

(1)　問題の所在

　雇用分野におけるゲノム情報に基づく差別等の問題も、その基本的構造は保険分野と同じである。つまり、事業者が採用やその後の雇用管理の局面において、遺伝子検査の結果の開示や受検を求めたり、その情報を利用できるかが問題となる。例えば、以下のようなケースについてどのように考えるべきか。

ケースⒶ
　被用者 A ががん遺伝子パネル検査を受けて、BRCA 1/2 の遺伝子変異が見つかり、がんの易罹患性症候群である遺伝性乳がん卵巣がん症候群

---

22)　2017 年 11 月 17 日に催された生命保険協会との意見交換会において金融庁が提起した論点 2.（https://www.fsa.go.jp/common/ronten/201711/05.pdf）参照。

（HBOC）と診断された。その情報を把握した使用者が、Aが将来がんに罹患して休職・離職する可能性を考慮して、Aを重要プロジェクトから別の業務に異動させることは許されるか。

ケース⑧

　被用者Bは、肺がんに罹患するリスクを高める石綿を取り扱う業務[23]に従事していたところ、がん遺伝子パネル検査により肺がんのリスクを高めるEGFR遺伝子の変異が見つかった。その情報を把握した使用者が、Bの肺がん罹患リスクを低減するために、Bを石綿を取り扱わない別の業務に異動させることは許されるか。あるいは、今後Bのような状況が生じないよう、石綿を取り扱う業務に従事する被用者は、あらかじめEGFR遺伝子の有無を明らかにする遺伝子検査を受けるように求めることは許されるか。

ケース©

　被用者Cは飛行機のパイロットであるが、遺伝子検査によりてんかんの発症にかかわる遺伝子変異[24]が見つかった。その情報を把握した使用者は、Cのてんかんの発作によって飛行機事故が起きることを防止するために、Cをパイロット以外の別の業務に異動させることは許されるか。あるいは、今後Cのような状況が生じないよう、全パイロットの採用面接において、遺伝子検査の受検を求めることは許されるか。

(2)　海外の制度や議論を踏まえた分析

　以下では、米国の遺伝情報差別禁止法およびドイツの遺伝子診断法に定められたゲノム情報の取得および利用の規制を概観したうえで、分析する[25]。

---

23)　労働基準法施行規則別表第1の2第7号8には、がん原性物質もしくはがん原性因子またはがん原性工程における業務による疾病として、「石綿にさらされる業務による肺がん又は中皮腫」が掲げられている。

24)　名古屋市立大学・理化学研究所・日本医療研究開発機構「日本人てんかん発症に関わる新規遺伝子領域を発見（てんかん発症機構の解明・治療につながる知見として期待）」（2021（令和3）年4月プレスリリース）（https://www.amed.go.jp/news/release_20210430-01.html）。

25)　米国の遺伝情報差別禁止法（GINA）の制定経緯や規制内容等を基に、遺伝情報による雇用差別の問題を論じるものとして、柳澤武「遺伝子情報による雇用差別——2008年アメリカGINA制定」名城法学60号（2010年）566頁がある。

米国の遺伝情報差別禁止法は、使用者が以下の行為を行うことを禁じている（遺伝子情報差別禁止法 202 条(a)）。

①　被用者の遺伝情報を理由に、被用者の不採用・解雇をすること、報酬・期間・条件・特典に関して被用者を差別すること

②　被用者の遺伝情報を理由に、被用者の雇用機会を奪い、または被用者としての地位を損なうような方法で、被用者を制限、分離、または分類すること

加えて、使用者が被用者またはその家族の遺伝情報を要請、要求、または購入することも禁じられている（遺伝子情報差別禁止法 202 条(b)）

ただし、以下の場合は、禁止の例外とされる。

(i)　使用者が不注意に被用者またはその家族の病歴を要請または要求する場合

(ii)　使用者により健康または遺伝サービス（ウェルネスプログラムの一部として提供されるサービスを含む）が提供される場合。

　　ただし、以下の要件を満たす必要がある。

・　被用者が事前に任意で自発的な書面による同意を与えていること [26]

・　被用者（遺伝サービスを受けている家族）および当該サービスの提供に関与する資格のある医療専門家または認定遺伝カウンセラーのみが、当該サービスの結果に関する個人を特定できる情報を受け取ること

・　個人を特定できる遺伝情報は、当該サービスの目的でのみ利用

---

[26]　自発性の要件について、厚生労働行政推進調査事業補助金厚生労働科学特別研究事業「社会における個人遺伝情報利用の実態とゲノムリテラシーに関する調査研究」2016 年度分担研究報告書「米国とカナダにおける遺伝情報に基づく差別をめぐる法的規制の動向に関する研究」（研究代表者：武藤香織）24 ～ 25 頁は、プログラムに参加しなければ上乗せの保険料の支払いが求められる場合には、遺伝学的検査結果の提供を認めざるを得ない労働者が現れる懸念を示している。

可能であり、特定の被用者の身元を開示しない統計的な条件でしか使用者に開示されないこと

(iii) 使用者が、1993 年家族・医療休暇法 103 条の認証規定、または州の家族・医療休暇法に定める要件を遵守するために、被用者に家族の病歴を要請または要求する場合

(iv) 使用者が、家族の病歴を含む市販・一般に入手可能な文書（新聞、雑誌、定期刊行物、書籍を含むが、医療データベースや裁判記録は含まない）を購入する場合

(v) 関連情報が職場での有毒物質の生物学的影響の遺伝学的モニタリングに使用される場合

　ただし、次の場合に限られる。

・　使用者が被用者に遺伝学的モニタリングについて書面で通知すること

・　被用者が事前に任意で自発的に書面による同意を与え、遺伝学的モニタリングが連邦法または州法によって義務付けられていること

・　被用者には、個別のモニタリング結果が通知されること

・　モニタリングは、1970 年労働安全衛生法、1977 年連邦鉱山安全衛生法、または 1954 年原子力法に基づいて労働長官が公布する規制を含む連邦遺伝学的モニタリング規則、1970 年の労働安全衛生法の権限の下で遺伝学的モニタリング規制を実施している州の場合には当該規制に準拠していること

・　使用者は、遺伝学的モニタリングプログラムに関与する有資格の医療専門家または認定遺伝カウンセラーを除き、特定の被用者の身元を開示しない統計的な条件でのみモニタリング結果を受け取ること

(vi) 使用者が法医学研究所として法執行目的で、または遺体鑑定の目的で DNA 分析を行い、被用者の遺伝情報を要請または要求する場合

　ただし、当該遺伝情報がサンプルの汚染を検出する品質管理のた

めの DNA 識別マーカーの分析に使用される範囲に限られる。

(イ)　ドイツの遺伝子診断法

　ドイツの遺伝子診断法は、使用者が被用者に対して、雇用関係の成立前後にかかわらず、遺伝子検査や分析の実施を要求すること、既に行われた遺伝子検査や分析の結果の開示を要求すること、その結果を受け取ること、あるいは使用することを禁止している（遺伝子診断法19条）。

　そのような行為は、産業医学上の予防検査の枠内であっても禁止されるが（遺伝子診断法20条1項）、雇用に際して一定の職場あるいは業務で発生し得る重篤な疾病や健康障害の原因になる遺伝学的形質の確認のために必要な遺伝子検査は、例外的に許容され得る（同条2項）。

　使用者は、雇用契約の締結、昇進、命令あるいは労働関係の終了に際して、被用者や遺伝学的血縁関係にある者の遺伝学的形質により、被用者に不利益を与えてはならない（遺伝子診断法21条1項）。

(ウ)　分析

　(ア)および(イ)で述べたとおり、米国の遺伝情報差別禁止法とドイツの遺伝子診断法のいずれにおいても、使用者が被用者に対して、(a)既に取得されたゲノム情報の要求、(b)遺伝子検査の受検の要求、(c)ゲノム情報の利用、すなわち、ゲノム情報に基づき被用者の不採用・解雇を行うこと、報酬・期間・条件・特典・昇進・命令等に関して被用者を差別的・不利益に取り扱うことが、原則として禁止されている。

　このような禁止それ自体の是非については、保険分野で問題となったような大きな議論は行われていない。これは、保険分野では、ゲノム情報に基づく危険選択を制限することが、逆選択の防止という保険制度の根幹に関わる利益と衝突するのに対して、雇用分野では、そこまで大きな対立利益が生じないことによるものと考えられる。

　もっとも、(1)の問題の所在で取り上げた ケースⒶ 〜 Ⓒ のように、使用者による被用者のゲノム情報の取得や利用が正当化される余地が全くないかといえば、必ずしもそうではないように思われる。以下では、ゲ

ノム情報の取得や利用が、㈠疾病罹患による被用者の休職や離職の可能性の考慮といった使用者の利益を図る目的で行われる場合、㈡被用者の疾病予防や健康管理といった被用者の利益を図る目的で行われる場合、㈢職務事故による第三者への危害の防止といった第三者の利益を図る目的で行われる場合に分けて検討する[27]。

㈠　使用者の利益を図る目的で行われる場合

ケース㈠のように、遺伝子検査により被用者の遺伝子変異が明らかになった場合において、使用者が被用者の休職や離職の可能性を考慮してゲノム情報の取得や利用を行うことは、米国の遺伝情報差別禁止法とドイツの遺伝子診断法のいずれにおいても正当化されていない。被用者の休職や離職の可能性を考慮した措置を講じる使用者の利益がおよそ保護に値しない訳ではないと思われるが、それよりも、被用者がゲノム情報に基づく差別的取扱いを受けない利益が優先するとの価値判断があるのであろう。

　実際にこの点が問題となった事案として、2010 年に米国のコネチカット州で起きたケース（Pamela Fink v. Mxenergy）がある[28]。このケースは、遺伝子検査により BRCA 遺伝子の変異が見つかった Fink（被用者）が、予防的に乳房切除術を受けて医療休暇を取得したところ、MXenergy（使用者）が Fink の業績評価を下げ最終的には解雇したことが、遺伝情報差別禁止法等に違反していると、コネチカット州人権・機会委員会（Commission on Human Rights and Opportunities）と連邦

---

27)　ただし、こうした三つの類型は分析の容易性のために立てたものであり、厳密に区別することは難しい。例えば、㈡被用者の疾病予防や健康管理といった被用者の利益を図る目的で行われた結果、使用者の医療費コストの低下や生産性の改善がなされることで、㈠使用者の利益も図られる場合が想定される。また、㈢職務事故による第三者への危害の防止といった第三者の利益を図ることは、職務事故による責任の発生を防止するという点では、やはり㈠使用者の利益につながる側面がある。

28)　ABC News "Pamela Fink Says She Was Fired After Getting a Double Mastectomy To Prevent Breast Cancer"（April 30, 2010）（https://abcnews.go.com/Health/OnCallPlusBreastCancerNews/pamela-fink-fired-testing-positive-breast-cancer-gene/story?id=10510163）.

雇用機会均等委員会（Equal Employment Opportunity Commission）に申し立てられたものである（Fink の代理人によれば、本件はその後解決に至ったとのことであるが、その詳細は不明である[29]）。

(B) 被用者の利益を図る目的で行われる場合

ケースⒷのように、特定の職場環境と関係する遺伝子変異が見つかった場合において、使用者が被用者の疾病予防や健康管理のためにゲノム情報の取得や利用を行うことは[30]、正当化する余地があると考えられる。

ドイツの遺伝子診断法では、一定の職場あるいは業務で発生し得る重篤な疾病や健康障害の原因になる遺伝学的形質の確認のために行われる遺伝子検査は許容され得る（(イ)参照）。

米国の遺伝情報差別禁止法でも、関連情報が職場での有毒物質の生物学的影響の遺伝学的モニタリングに使用される場合には、使用者によるゲノム情報の取得が例外的に許容されている（(ア)参照）。ただし、使用者は、遺伝学的モニタリングプログラムに関与する有資格の医療専門家または認定遺伝カウンセラーを除き、特定の被用者の身元を開示しない統計的な条件でのみモニタリングの結果を受け取ることができるにとどまる。またこの例外は、使用者が取得した被用者のゲノム情報を理由に、被用者の不採用・解雇を行うこと、報酬・期間・条件・特典に関して被用者を差別することまで許容するものではない。したがって、ケースⒶで想定されるように、被用者の健康上のリスクがあるからといって、特定の被用者の異動等の人事上の措置まで直ちに許容されることにはならないと考えられる。

---

29) Gilbert Natasha "Why the 'devious defecator' case is a landmark for US genetic-privacy law" (June 25, 2015) (https://doi.org/10.1038/nature. 2015.17857).

30) 米軍では、赤血球の機能に影響を及ぼすことで貧血症を引き起こしやすい鎌状赤血球症（単一遺伝子疾患）の形質（遺伝子変異）のスクリーニング検査を、新兵に対して行っているとされる。Thomas Brading "Army now testing recruits for sickle cell trait" (November 30, 2020) (https://www.army.mil/article/241176/army_now_testing_recruits_for_sickle_cell_trait).

なお、同様に被用者の疾病予防や健康管理のために、使用者による被用者のゲノム情報の取得が例外的に許容される類型として、使用者により健康または遺伝サービス（ウェルネスプログラムの一部として提供されるサービスを含む）が提供される場合も挙げられる（(ｱ)参照）。企業の健康経営の必要性が叫ばれる昨今、このような態様で使用者が被用者のゲノム情報を取得するケースは今後増える可能性がある。

　　(C)　第三者の利益を図る目的で行われる場合

　ケース©のように、特定の遺伝子変異がリスクを高める疾病（発作）が生じると、事故が起きて第三者に危害を及ぼす職務に被用者が従事している場合、使用者が当該第三者の利益を図る（守る）ために被用者のゲノム情報の取得や利用を行うことも、正当化する余地はあるように思われる。

　もっとも、米国の遺伝情報差別禁止法とドイツの遺伝子診断法のいずれにおいても、このような取扱いを正面から認める規定は設けられていない。

　この点に関して、ゲノム医療推進法に基づく基本計画の検討に係るワーキンググループ第4回（2024（令和6）年4月26日）福嶋義光参考人（信州大学医学部特任教授）からは、「今のところ『遺伝情報は使いません。とにかくブレーキを踏んでおけば安全です』、という考え方の下に、今、運用されているように思うのですけれども、これから遺伝子の情報で将来予測がかなり正確に分かるようになる時代を迎えて、例えば飛行機のパイロットの健康診断において、発作が起きるような病気を発症する確率が高いというようなことが分かった場合、それを知らなくてよいのかということも出てきます」といった発言が行われており、傾聴に値する。事業者には採用の自由という原則があることを踏まえると、特に採用段階においてはこのような議論が成り立ちやすいかもしれない。

(3)　我が国における現状の取扱い

　雇用分野についても、現状我が国において、ゲノム情報の取得や利用を直接禁ずる法律は存在しない。もっとも、雇用分野におけるゲノム情

報の取得や利用については、以下のとおり、「雇用管理分野における個人情報のうち健康情報を取り扱うに当たっての留意事項」に「遺伝性疾病に関する情報」の取扱いが定められるとともに、職業安定法（昭和22年法律第141号）や労働契約法に定められた規律の適用も受ける。

㉆ 雇用管理分野における個人情報のうち健康情報を取り扱うに当たっての留意事項

雇用分野における健康情報の取扱いについては、「雇用管理分野における個人情報のうち健康情報を取り扱うに当たっての留意事項」が定められている。この留意事項は、個人情報保護委員会が、雇用管理分野における労働安全衛生法等に基づき実施した健康診断の結果等の健康情報について、個人情報の保護に関する法律についてのガイドライン（通則編）に定める措置の実施に当たって、事業者において適切に取り扱われるよう、特に留意すべき事項を定めるものである。

留意事項第3の10(3)は、HIV感染症やB型肝炎等の職場において感染したり、蔓延したりする可能性が低い感染症に関する情報に加え、「色覚検査等の遺伝性疾病に関する情報」については、職業上の特別な必要性がある場合を除き、事業者は、労働者等から取得すべきでないとしている。ただし、労働者の求めに応じて、これらの疾病等の治療等のため就業上の配慮を行う必要がある場合については、その就業上の配慮に必要な情報に限って、事業者が労働者から取得することは考えられるとしている。

なお、関連する民事事件として、①事業者が採用選考に当たって本人に無断で（B型肝炎ウイルス検査であることを知らせぬまま）B型肝炎ウイルスの検査を受けさせたのは、プライバシー権を侵害するとした裁判例（東京地判平成15年6月20日労判854号5頁）、②使用者が定期健康診断で被用者の承諾なしにHIV抗体検査を行ったことは、プライバシー権を侵害するとした裁判例（千葉地判平成12年6月12日労判785号10頁）がある。これらの裁判例の考え方は、使用者が被用者に遺伝子検査を受検させる場合についても、同様に妥当すると考えられる。

⑷ 職業安定法・労働契約法の規律[31]

(A) 採用選考時における対応

職業安定法上、採用選考に当たって労働者の募集を行う者等が応募者の個人情報を収集する際には、原則として業務の目的の達成に必要な範囲内で目的を明らかにして収集することとされている（職業安定法5条の5）。

特に、職業紹介事業者、求人者、労働者の募集を行う者、募集受託者、募集情報等提供事業を行う者、労働者供給事業者、労働者供給を受けようとする者等がその責務等に関して適切に対処するための指針（平成11年労働省告示第141号）では、「人種、民族、社会的身分、門地、本籍、出生地その他社会的差別の原因となるおそれのある事項」については、原則として収集してはならないとされている（同指針第5の1⑵）。ただし、特別な職業上の必要性が存在することその他業務の目的の達成に必要不可欠であって、収集目的を示して本人から収集する場合には、例外的に許容される（同ただし書）。

ここで、ゲノム情報も「その他社会的差別の原因となるおそれのある事項」に含まれると考えられる。したがって、特別な職業上の必要性等が存在しない限り、採用選考においてゲノム情報を収集することは許されないと考えられる。

(B) 労働契約締結後における対応

労働契約法上、労働契約締結後における配置転換・解雇等については、使用者は、労働契約に基づく権利の行使に当たっては、それを濫用することがあってはならないとされる（労働契約法3条5項）。また、客観的に合理的な理由を欠き、社会通念上相当であると認められない解雇は無効となる（同法16条）。

---

31) ゲノム医療推進法に基づく基本計画の検討に係るワーキンググループ第1回（2023（令和5）年12月26日）資料2「ゲノム医療の推進に係るこれまでの取組状況」（https://www.mhlw.go.jp/content/10808000/001183517.pdf）に示された厚生労働省「ゲノム情報による不当な差別等への対応の確保（労働分野における対応）」35頁参照。

そのため、ゲノム情報に基づく配置転換・解雇等についても、客観的に合理的な理由を欠き、社会通念上相当であると認められない場合には、無効となる。労働契約法は民事ルールであり、使用者による人事権行使の有効性は、最終的に司法において事案ごとに判断される[32]。

㈡　現状の分析と今後の展望

　以上のとおり、雇用分野におけるゲノム情報の取得や利用については、我が国では直接禁じる規定がないため、既存の個人情報・雇用法制の枠組みの中で処理されることになる。ここでは、ゲノム情報の取得に職業上の特別な必要性があるか、就業上の配慮を行う必要があるか、ゲノム情報の利用（配置転換・解雇等）に客観的に合理的な理由があるか、社会通念上相当であるかといった基準により実質的に判断される。そのため、少なくとも(2)㈡で述べたような被用者や第三者の利益を図る目的で行われる場合であれば、正当化されるケースもあり得ると考えられる。

　もっとも、これらの判断基準は明確とはいえず、国民の不安感を強めている面は否定できない。2016 年度厚生労働行政推進調査事業補助金厚生労働科学特別研究事業分担研究報告書「遺伝情報の利用や差別的取扱いへの一般市民の意識に関する研究」（研究代表者：武藤香織）表 6-1 では、調査の結果、「就職希望先から遺伝情報について提出するよう求められたり、調査されたりした」、「勤務先から遺伝情報について提出するよう求められたり、調査されたりした」などとの回答があったとされる。

　よって、新たな法律の制定までには至らずとも、少なくともガイドライン等で基準の明確化を図っていくことは考えられる。ゲノム医療推進法に基づく基本計画の検討に係るワーキンググループ第 3 回（令和 6 (2024) 年 3 月 12 日）天野慎介構成員（一般社団法人全国がん患者団体連

---

32)　㈠で言及した千葉地判平成 12 年 6 月 12 日は、使用者が定期健康診断で被用者の承諾なしに HIV 抗体検査を行ったことをプライバシー権を侵害するとしたこととあわせて、HIV 感染を実質的な理由としてなされた解雇も、正当な理由を欠くものであって、解雇権の濫用として無効であると判示している。

合会理事長）からは、「厚生労働省から具体的な FAQ の提示あるいはガイドラインの策定等を検討いただきたいと思います。例えばがん患者の就労支援を行う場合においても、遺伝情報などは提供される可能性がありますが、人事労務担当者の現状での守秘義務が曖昧なので、企業に課せられている安全配慮義務とかバランスも考慮しながら具体的な取扱いについての検討が必要と考えます」といった発言が行われている。

第6章

遺伝子関連特許

Point

　ゲノム関連技術の進展に伴い、その技術に係る知的財産を保護するための制度として、遺伝子関連特許制度が重要となる[1]。

　例えば、特許取得の対象となり得るゲノム医療関連技術分野として、①ゲノム医療情報処理技術（個々人から収集したゲノムデータを基に、解析を行い、そこにその他の様々な情報を統合して、ゲノム医療を実現するのに必要な様々な技術）、②遺伝子診断（染色体、遺伝子またはその産物であるタンパク質の存在あるいはその変化を識別する診断方法）、③分子標的医薬（疾患状態および正常状態の細胞で、質的あるいは量的に変化を来している分子を標的として選択的に作用し、治療効果を表す医薬）といったものが挙げられる[2]。

　そもそもゲノムは生物の構成要素であることから、特許適格性があるかという問題がある。我が国では、天然物、自然現象等の単なる発見は、「発明」に該当しないが、天然物から人為的に単離した化学物質等は、創作されたものであり、「発明」に該当するとされている。そのため、細胞から分離された遺伝子を含むDNA（デオキシリボ核酸）であっても、

---

1)　より広い意味での知的財産の保護制度としては、著作権法に基づく「データベース」や不正競争防止法に基づく「営業秘密」も挙げられる。ただし、著作権法上、「データベース」が著作権として保護されるためには、「その情報の選択又は体系的な構成によって創作性を有する」ことが求められる（著作権法12条の2第1項）。また、不正競争防止法上、「営業秘密」は「秘密として管理されている生産方法、販売方法その他の事業活動に有用な技術上又は営業上の情報であって、公然と知られていないもの」と定められ（不正競争防止法2条6項）、①秘密管理性、②有用性、③非公知性が要件となっている。

2)　一般財団法人知的財産研究教育財団知的財産研究所「ゲノム医療分野における知財戦略の策定に向けた知財の保護と利用の在り方に関する調査研究報告書」（2019（平成31）年3月）150頁以下。

この「発明」該当性が認められ得る。

　一方、産業上の利用可能性を満たさない発明の一類型として「人間を手術、治療又は診断する方法の発明」が挙げられる。もっとも、①医療機器、医薬等の物の発明、②医療機器の作動方法、③人間の身体の各器官の構造または機能を計測する等して人体から各種の資料を収集するための方法、④人間から採取したものを処理する方法は、「人間を手術、治療又は診断する方法の発明」に該当せず、産業上の利用可能性は否定されないとされる。

　その他、新規性・進歩性・実施可能要件・明確性といった特許・出願要件も実務上問題となる。例えば、進歩性に関して、ある構造遺伝子が公知である場合、公知の構造遺伝子と配列同一性が高く、同一の性質や機能を有する構造遺伝子の発明は、進歩性を有さず、特許として認められない。ただし、発明の構造遺伝子が公知の構造遺伝子と比較して、当業者が予測できない顕著な効果を奏する場合には、進歩性を有することとなる。

　なお、ゲノム編集技術については、それ自体の特許取得の問題があり、特に CRISPR/Cas 9 については、米国のブロード研究所等とカリフォルニア大学との間で争いが生じている。

1　特許適格性
［発明該当性・産業上の利用可能性］

　そもそもゲノム関連技術は特許を受けることができるか（特許適格性）という問題がある[3]。以下では、「産業上利用することができる発明」（特許法 29 条 1 項柱書）への該当性について、「特許・実用新案審査基準」第Ⅲ部第 1 章「発明該当性及び産業上の利用可能性」（以下「審査基準」という）を参照しながら解説する。

(1)　発明該当性

　我が国では、天然物、自然現象等の単なる発見は、「発明」に該当し

ないが、天然物から人為的に単離した化学物質等は、創作されたもので
あり、「発明」に該当する（審査基準2.1.2）。そのため、細胞から分離
された遺伝子を含むDNA（デオキシリボ核酸）であっても、「発明」該
当性が認められる。

　この点について、米国で2013年に出された連邦最高裁判決
（Association for Molecular Pathology v. Myriad Genetics（569 U.S. 576
(2013)）は、①乳がんおよび卵巣がんに関連するBRCA遺伝子（第2章
1 (4)(ア)参照）、②この遺伝子の変異を検査し、これらのがんへの罹りや
すさを検査する方法、③これらのがんの治療法をスクリーニングする方
法の三つをクレーム（特許の請求項）とする特許権の有効性が争われた
事案において、単離しただけのDNA（遺伝子）は天然物であって特許
保護対象ではない一方、cDNA[4]は自然に生じたものではない創作物で
あるとして保護されるとの判断を示した[5]。この米国連邦裁判所の考え
方は、天然物から人為的に単離した化学物質等は、創作されたものであ
り、「発明」に該当するとする我が国の審査基準の考え方とは異なる。

(2)　産業上の利用可能性

　産業上の利用可能性を満たさない発明の一類型として「人間を手術、

---

3)　遺伝子関連発明の特許適格性を分析したものとして、加藤浩「遺伝子の特許適
格性に関する一考察」日本大学知財ジャーナル7巻（2014年）25 〜 39頁、小
野新次郎「ライフサイエンス分野での技術革新と特許保護——遺伝子関連発明及
び医療方法の特許性に関する国際的な議論と特許審査基準の変遷」知財ジャーナ
ル67巻4号（2017年）513頁、石川浩「遺伝子等自然物・自然現象の特許適格
性について（米国の状況と生命倫理）」知的財産研究教育財団編『医療と特許』（創
英社（三省堂書店）、2017年）107頁がある。

4)　cDNAは、相補的（complementary）DNAのことであり、RNA（第1編1
(2)参照）を鋳型として逆転写酵素により合成されたDNAを意味する。遺伝子の
うち、「エクソン」はmRNAに「転写」された後、主にタンパク質に「翻訳」
される一方、「イントロン」は「スプライシング」により切り取られる。そのため、
cDNAからは、遺伝子のうちタンパク質をコードしない部分（イントロン）が
除外されている。

5)　この判決を分析したものとして、井関涼子「遺伝子特許に関する米国連邦最高
裁判決の意義」ジュリ1461号（2013年）72頁がある。

[図表 2-24] ゲノム解析における cDNA 解析の位置付け

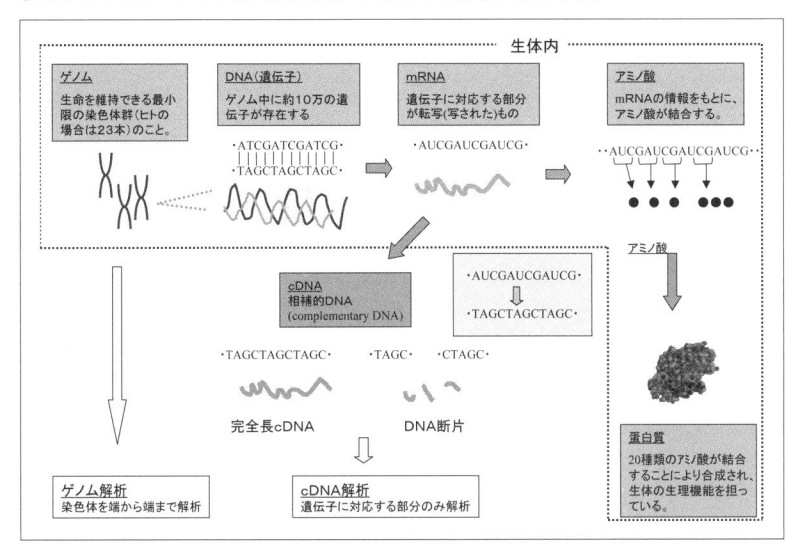

出典：総合科学技術会議知的財産戦略専門調査会第9回（2002（平成14）年11月27日）資料3-1特許庁「遺伝子関連発明の審査基準」3頁（https://www8.cao.go.jp/cstp/tyousakai/ip/haihu09/shiryo3-1.pdf）。

治療又は診断する方法の発明」が挙げられており（審査基準3.1(i)）、これは、いわゆる「医療行為」を意味する（同基準3.1.1）。人間を「治療」する方法は、病気の軽減および抑制のために、患者に投薬、物理療法等の手段を施す方法や病気の予防方法を含む（同基準3.1.1(2)）。人間を「診断」する方法は、医療目的で、①人間の病状や健康状態等の身体状態または精神状態、②上記①の状態に基づく処方や治療または手術計画について判断する工程を含む方法をいう（同基準3.1.1(3)）。

　一方で、①医療機器、医薬等の物の発明、②医療機器の作動方法、③人間の身体の各器官の構造または機能を計測する等して人体から各種の資料を収集するための方法、④人間から採取したものを処理する方法は、「人間を手術、治療又は診断する方法の発明」に該当せず（審査基準3.2.1）、産業上の利用可能性は否定されない（同基準3.2）。

　以上の審査基準に照らせば、例えば、「遺伝子組換えベクターを人体に投与してがんを縮小させる方法」は、人間を「治療」する方法として

産業上の利用可能性が否定され[6]特許適格性を欠くことになる。一方、「人間から採取した細胞を原材料として遺伝子組換え細胞製剤等の、医薬品を製造するための方法」は、患者本人から採取したものを使用することを含んでいても、「人間を手術、治療又は診断する方法」には該当せず、産業上の利用可能性は否定されず[7]、特許として認められ得る。

2 他の特許・出願要件
［新規性・進歩性・実施可能要件・明確性］

　特許法上、遺伝子関連発明について特許を取得するためには、1で述べた特許適格性を前提として、新規性（特許法29条1項）、進歩性（同条2項）といった特許要件、さらには出願要件として実施可能要件（同法36条4項1号）、明確性（同条6項2号）も問題となる。

　こうした点については、「特許・実用新案審査ハンドブック」附属書B第2章「生物関連発明」（以下「生物関連発明」という）において実務的な視点も含めて解説されている[8]。以下では、遺伝子関連発明（核酸およびポリペプチドに関する発明）に関する部分を中心に概説する。

(1) 新規性

　①特許出願前に日本国内または外国において公然知られた発明、②特許出願前に日本国内または外国において公然実施をされた発明、③特許出願前に日本国内または外国において、頒布された刊行物に記載された

---

6)　特許庁「特許・実用新案審査ハンドブック」（令和6年5月1日改訂版）附属書A3.「発明該当性及び産業上利用可能性に関する事例集」事例29-1参照。

7)　特許庁・前掲注6）事例29-2参照。

8)　遺伝子関連発明の出願実務・審査実務で留意すべき点については、横田修孝「遺伝子関連発明における実務上の留意点——新規遺伝子と公知遺伝子の観点から」知財管理71巻8号（2021年）1058頁において詳しく解説されている。

発明または電気通信回線を通じて公衆に利用可能となった発明は、特許を受けることができないと定められている（特許法29条1項）。

　この新規性の判断については、例えば、製造方法により特定して記載された組換えタンパク質の発明が、単離や精製された単一物質として公知のタンパク質と物質として区別ができない場合、その組換えタンパク質の発明は新規性を有しないとされている（生物関連発明5.2(1)a）。

(2)　進歩性

　特許出願前にその発明の属する技術の分野における通常の知識を有する者が、①特許出願前に日本国内または外国において公然知られた発明、②特許出願前に日本国内または外国において公然実施をされた発明、③特許出願前に日本国内または外国において、頒布された刊行物に記載された発明または電気通信回線を通じて公衆に利用可能となった発明に基いて容易に発明をすることができたときは、その発明については、特許を受けることができない（特許法29条2項）。この進歩性の判断について、生物関連発明5.3(1)aでは、タンパク質Aをコードする遺伝子の発明を例として、以下の考え方が示されている。

(i)　タンパク質Aが公知のものでなく新規性および進歩性を有する場合

　タンパク質Aをコードする遺伝子の発明は、進歩性を有する。

(ii)　タンパク質Aは公知であるが、そのアミノ酸配列は公知ではない場合

　タンパク質Aをコードする遺伝子の発明は、タンパク質Aのアミノ酸配列を出願時に当業者（その発明の属する技術の分野における通常の知識を有する者）が容易に決定することができた場合には進歩性を有しないと判断され、特許として認められないこととなる。ただし、「その遺伝子が、特定の塩基配列で記載されており、かつ、タンパク質Aをコードする他の塩基配列を有する遺伝子に比較して、当業者が予測できない有利な効果を奏する場合には、進歩性を有する」と判断される。

(iii)　タンパク質Aのアミノ酸配列までもが公知である場合

タンパク質Ａをコードする遺伝子の発明は、進歩性を有しないと判断され、特許として認められないこととなる。ただし、「その遺伝子が、特定の塩基配列で記載されており、かつ、タンパク質Ａをコードする他の塩基配列を有する遺伝子に比較して、当業者が予測できない有利な効果を奏する場合には、進歩性を有する」と判断される。

(iv) タンパク質Ａのアミノ酸配列を決めるある構造遺伝子（生物のなかで合成されるタンパク質のアミノ酸配列を決める遺伝子）が公知である場合

公知のその構造遺伝子と配列同一性が高く、同一の性質や機能を有する構造遺伝子が発明されても進歩性を有しないと判断され、特許として認められないこととなる。ただし、「本願発明の構造遺伝子が公知の構造遺伝子と比較して、当業者が予測できない顕著な効果を奏する場合には、進歩性を有する」と判断される。

(3) 実施可能要件

特許の出願所に添付の明細書に記載される発明の詳細な説明の記載は、その発明の属する技術の分野における通常の知識を有する者（当業者）がその実施をすることができる程度に明確かつ十分に記載したものであることが求められる（特許法 36 条 4 項 1 号）。この実施可能要件について、生物関連発明は特許法の求める要件を当業者が①その物を作れ、かつ②その発明を使用できるように記載がされていることと解される。さらに生物関連発明 1.1.1 (1) a では遺伝子分野の特許に関して以下の考え方が示されている。

①遺伝子に関する発明について作れることを示すためには、「その起源や由来、処理条件、採取や精製工程、確認手段等の製造方法を記載できる」としつつ特許の請求項において「欠失、置換若しくは付加された」、「ハイブリダイズする」または「○○％以上の配列同一性を有する」等の表現を用いて遺伝子が包括的に記載されているにとどまり、それらの遺伝子を得るために、当業者に期待し得る程度を超える試行錯誤や複雑高度な実験等を行う必要があるときには、「当業者がその物を作れる

ように発明の詳細な説明が記載されていない」といえ、特許法36条4項1号が求める程度の「明確かつ十分」な記載とは認められず、実施可能要件を欠くこととなる。

その理由を生物関連発明1.1.1(1)aでは、「例えば、著しく配列同一性が低い遺伝子のなかに、実際に取得された遺伝子と同一の機能を有しない遺伝子が多数含まれることになる場合には、それらの遺伝子の中から、取得された遺伝子と同一の機能を有するものを選択するためには、通常、当業者に期待し得る程度を超える試行錯誤や複雑高度な実験等を行う必要がある。したがって、このような場合、発明の詳細な説明に実際に取得されたことが記載された遺伝子、および、これに対し著しく配列同一性が低い遺伝子を含み、かつ機能により特定されている請求項に係る発明については、当業者がその物を作れるように発明の詳細な説明が記載されていないことになる」と説明している。

例1：以下の(i)又は(ii)のポリヌクレオチド。
(i)　ATGTATCGG・・・・・・TGCCTの配列からなるポリヌクレオチド
(ii)　(i)のDNA配列からなるポリヌクレオチドと配列同一性が○○%以上のDNA配列からなり、かつB酵素活性を有するタンパク質をコードするポリヌクレオチド
(注)　(i)のポリヌクレオチドがコードするタンパク質はB酵素活性を有するものである。○○%は、著しく同一性が低い値である。

(説明)
　(ii)は機能により特定されているものの、発明の詳細な説明に実際に取得されたことが記載されたポリヌクレオチド(i)に対して、著しく配列同一性が低いポリヌクレオチドを含む。「(i)のDNA配列からなるポリヌクレオチドと配列同一性が○○%以上のDNA配列からなり、かつB酵素活性を有するタンパク質をコードするポリヌクレオチド」のなかにB酵素活性を有しないタンパク質をコードするポリヌクレオチドが多数含まれる場合、その中からB酵素活性を有するタンパク質をコードするポリヌクレオチドを選択することは、通常、当業者に期待し得る程度を超える試行錯誤や複雑高度な実験等を行う必要がある。そのため、当業者がその物を作れるように発明の詳細な説明が記載されていないことになる。

また、②遺伝子に関するその発明が使用できることを示すためには、「遺伝子が特定の機能を有することを記載できる」としている（生物関連発明 1.1.1 a）。ここでいう「特定の機能」とは、当業者により「技術的に意味のある特定の用途が推認できる機能」のことであるとされ、構造遺伝子に関する発明の場合には、その遺伝子によりコードされるタンパク質が特定の機能を有することを記載できるとされている。

　例えば、特許の請求項において単に「欠失、置換若しくは付加された」、「ハイブリダイズする」または「○○％以上の配列同一性を有する」等の表現のみで包括的に記載され、その機能により特定された形で記載されていない場合には、通常、記載された遺伝子にその機能を有しないものが含まれてしまうため、その遺伝子のうちの一部が使用できないことになる。したがって、このような場合、当業者がその物を使用することができるように発明の詳細な説明が記載されていないことになり、特許法 36 条 4 項 1 号が求める程度の「明確かつ十分」な記載とは認められず、実施可能要件を欠くこととなる。

例 2：以下の(i)又は(ii)のポリヌクレオチド。
(i)　ATGTATCGG・・・・・TGCCT の DNA 配列からなるポリヌクレオチド
(ii)　(i)の DNA 配列からなるポリヌクレオチドと配列同一性が××％以上の DNA 配列からなるポリヌクレオチド
（注）　(i)のポリヌクレオチドがコードするタンパク質は B 酵素活性を有するものである。

（説明）
　(ii)は機能により特定されていないため、B 酵素活性を有さないタンパク質をコードするポリヌクレオチドが含まれる。このようなポリヌクレオチドは、特定の機能を有していないため、当業者がその物を使用することができるように発明の詳細な説明が記載されていないことになる。

---

(4)　明確性

　特許の願書に添付の特許請求の範囲の記載は、特許を受けようとする

発明が明確であることが求められる（特許法36条6項2号）。この明確性について、生物関連発明2.1では、特許法36条5項の規定の趣旨にかんがみれば、特許を受けようとする発明の特定を特許の請求項においてする際には、様々な表現形式を用いた記載をすることが許されるとしている。物であればその物の結合や構造のほか、作用、機能、特性、方法、用途などによっても特定ができるのである。生物関連発明2.1(1)aでは、遺伝子等の核酸に関する発明の特許の請求項での記載につき塩基配列により特定して記載することができるとする。構造遺伝子は、その遺伝子によってコードされたタンパク質のアミノ酸配列により例えば以下のような表記で特定して記載することができる。

> 例：Met － Asp － ・・・・ Lys － Glu で表されるアミノ酸配列からなるタンパク質をコードするポリヌクレオチド。

　遺伝子は、「欠失、置換若しくは付加された」、「ハイブリダイズする」等の表現およびその遺伝子の機能等を組合わせて例えば以下のような包括的な記載をすることができる。なお、このように特許請求の対象となる発明の明確性の観点からは遺伝子の包括的な記載が許されるとしても、当該遺伝子を得るために当事者は期待し得る程度を超える試行錯誤や複雑高度な実験等を行う必要があるときは、実施可能要件を欠くことになる（(3)参照）。

> 例1：以下の(i)又は(ii)のタンパク質をコードするポリヌクレオチド。
> (i)　Met － Asp － ・・・・ Lys － Glu のアミノ酸配列からなるタンパク質
> (ii)　(i)のアミノ酸配列において1又は複数個のアミノ酸が欠失、置換若しくは付加されたアミノ酸配列からなり、かつA酵素活性を有するタンパク質
>
> 例2：以下の(i)又は(ii)のポリヌクレオチド。
> (i)　ATGTATCGG・・・・・・TGCCT の DNA 配列からなるポリヌクレオチド
> (ii)　(i)の DNA 配列からなるポリヌクレオチドと相補的な DNA 配列からなるポリヌクレオチドとストリンジェントな条件下でハイブリダイズ

し、かつＢ酵素活性を有するタンパク質をコードするポリヌクレオチド

3 ゲノム編集技術それ自体の特許取得問題

　ゲノム編集技術（第 1 編 2 (2)参照）については、それ自体の特許取得の問題があり、特に CRISPR/Cas 9 については、米国のブロード研究所とカリフォルニア大学との間で争いが生じている[9]。具体的には、カリフォルニア大学が、ゲノム編集技術の基本特許をブロード研究所に認めた米国特許商標庁の判断を不服として、連邦控訴裁判所に上訴したが、同裁判所は 2018 年 9 月、米国特許商標庁の判断を支持する判決を下した。カリフォルニア大学は、この判決を不服として、再審査（インターフェアランス）を米国特許商標庁に申請したが、米国特許商標庁は 2022 年 2 月 28 日、ブロード研究所に発明日の優位性を認める審決を下している。

　我が国の裁判所においても、ブロード研究所等が特許出願を行った「遺伝子産物の発現を変更するための CRISPR-Cas 系および方法」について特許庁が行った拒絶査定が争われた[10]。

---

9)　ゲノム編集技術をめぐる特許問題を分析するものとして、橋本一憲＝廣瀬咲子「ゲノム編集技術の基本特許を巡る国際的動向及び研究開発への影響と対策——内閣府戦略的イノベーション創造プログラムの視点より」知財管理 67 巻 4 号（2017 年）542 頁、加藤浩「ゲノム編集技術に関する研究開発と特許動向」薬理と治療 49 巻 2 号（2021 年）193 頁がある。
10)　知財高判令和 2 年 2 月 25 日 Westlaw Japan 文献番号 2020WLJPCA02259003、2020WLJPCA02259004。この判決を分析するものとして、西口博之「ゲノム特許の審決取消訴訟——令和 2 年 2 月 25 日知財高裁判決を中心に」知財ぷりずむ 18 巻 212 号（2020 年）32 頁がある。

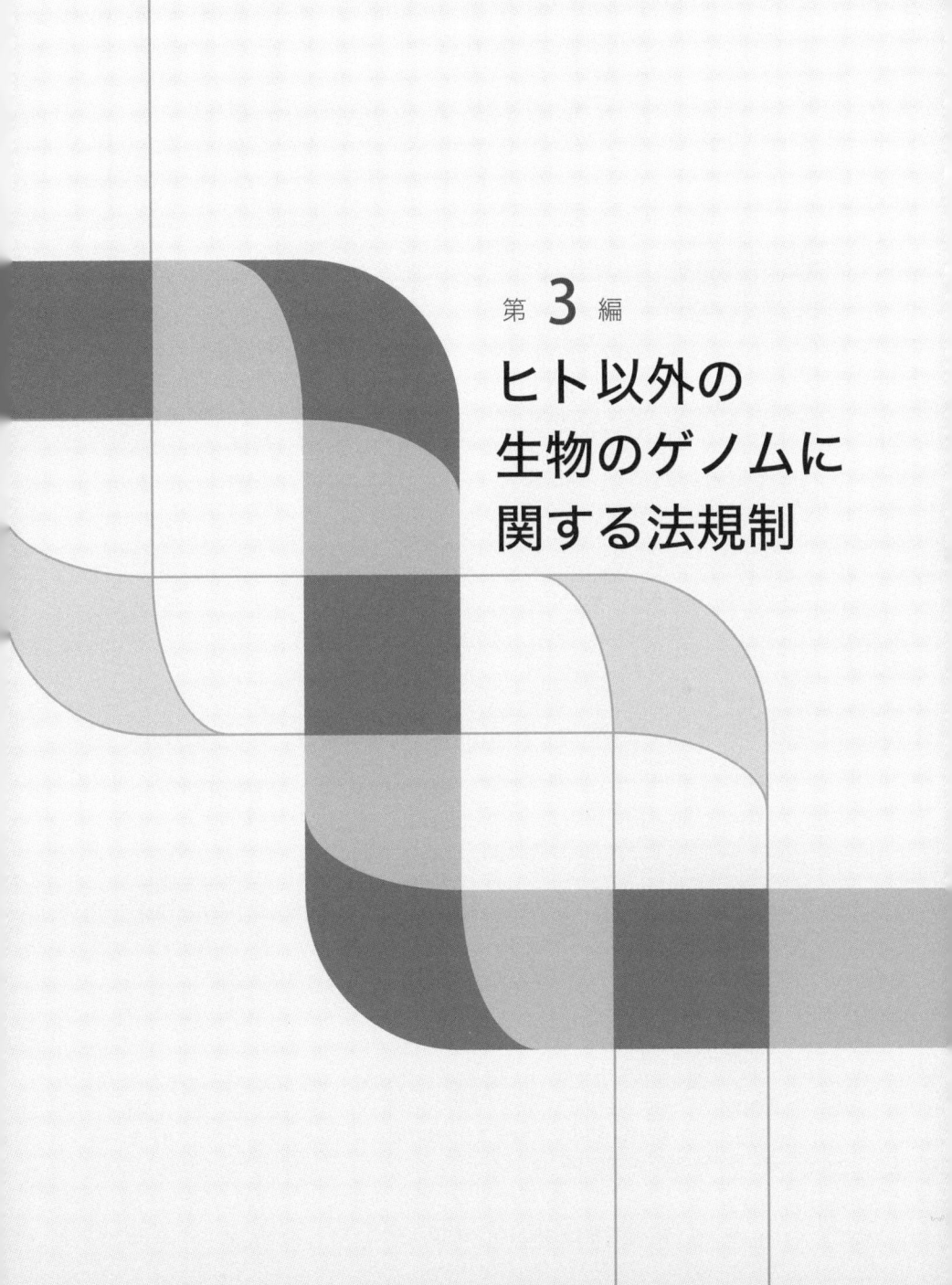

第 **3** 編

ヒト以外の生物のゲノムに関する法規制

農水産物のゲノム改変の規制

Point

　農水産物の品種改良の手段として、従来は人為的突然変異誘発を利用した育種技術や遺伝子導入技術があったが、近年では、狙いどおりにゲノムを改変できるゲノム編集技術の活用が注目を集めている。国内では、例えば、GABA（血圧上昇を抑制する効果のあるアミノ酸の一種）の含有量を高めたトマト、高成長トラフグ・可食部増量マダイといった農水産物がゲノム編集技術により開発され、既に販売が開始されている。

　ゲノム改変を受けた農水産物については、生態系に悪影響が生じないか、食品としての安全性や表示の適切性をどのように確保できるのかという課題があり、このような観点からの規制として、カルタヘナ法、食品安全法、食品表示法がある。これらの法律はいずれも、遺伝子導入技術を想定して「遺伝子組換え」を規制してきたが、新たに出現したゲノム編集技術がその適用を受けるのか、いかなる場合に適用を受けるのか、適用を受けない場合にはどのように取り扱われるのかという問題がある[1]。

　カルタヘナ法においては、ゲノム編集技術の利用により得られた生物について、最終的に得られた生物に細胞外で加工した核酸が含まれない場合には「遺伝子組換え生物等」には該当せず、カルタヘナ法の適用を受けないとされている。ただし、その使用等に先立ち、その生物の特徴および生物多様性影響が生じる可能性の考察結果等について、主務官庁に情報提供を行うことが求められる。

　食品衛生法・食品表示法においては、ゲノム編集技術応用食品のうち、

---

1)　ゲノム編集技術により得られた農産物に対する法規制を概観するものとして、吉田和央「『涙が出ないタマネギ』、『芽に毒のないジャガイモ』等『ゲノム編集技術』により得られた農産物に対する法規制」ビジネス法務 19 巻 11 号（2019 年）135 頁がある。

外来遺伝子およびその一部が残存しないという条件に加えて、人工制限酵素によるDNAの切断箇所の修復に伴い塩基の欠失、置換、自然界で起こり得るような遺伝子の欠失、さらに結果として1塩基〜数塩基の変異が挿入される結果となるものは、「組換えDNA技術」に該当せず、食品衛生法・食品表示法の適用を受けない。ただし、厚生労働省に事前相談したうえで、DNAの変化がヒトの健康に悪影響を及ぼすアレルゲンや毒性物質を生じないこと等に関する情報について届出が求められる。また、ゲノム編集技術応用食品に関する表示を任意に行うことは可能であり、そのような表示が期待されているともいえる。

　以上のように、ゲノム編集技術によって得られた生物やゲノム編集技術応用食品であっても、規制を受けない類型が存在するのは、突然変異等を用いた従来の育種技術により生じた生物や食品との区別がつかないためである。ただし、ゲノム編集技術は新しい技術でありその影響を完全に見通すことは困難であることや、規制を受けない類型であるかを確認する必要があることから、当局への事前相談や情報提供・届出制度が設けられている。

1　カルタヘナ法[2]

(1)　規制の概要

(ア)　カルタヘナ議定書

　「生物の多様性に関する条約のバイオセーフティに関するカルタヘナ議定書」（「カルタヘナ議定書」）とは、生物多様性の保全および持続可能な利用に悪影響を及ぼさないよう、Living Modified Organism（LMO：遺伝子組換え生物）について、国境を超える移送・取扱い・利用のための手続を定めるものである。

　カルタヘナ議定書は、「生物の多様性に関する条約」（1993年12月発効。2023年4月現在、194か国、EUおよびパレスチナが締結しているが、米国

は未締結。我が国は 1993 年に締結）8 条（生息域内保全）(g)、17 条（情報の交換）および 19 条（バイオテクノロジーの取扱いおよび利益の配分）3・4 を受けて、2000 年に採択され、2003 年に発効した。2023 年 4 月現在、我が国を含む 171 か国、欧州連合（EU）およびパレスチナが締結している。

　カルタヘナ議定書については、「バイオセーフティに関するカルタヘナ議定書の責任と救済に関する名古屋・クアラルンプール補足議定書」（以下「名古屋・クアラルンプール補足議定書」という）が 2010 年に採択されている。名古屋・クアラルンプール補足議定書は、国境を越えて移動した遺伝子組換え生物により発生した損害に対する責任と救済を規定するものである。

㈣　カルタヘナ法の目的

　カルタヘナ議定書を我が国の国内法として実施する目的で制定されたのが、「遺伝子組換え生物等の使用等の規制による生物の多様性の確保に関する法律」（「カルタヘナ法」。また同法施行規則を「カルタヘナ法施行規則」という）である。

　カルタヘナ法の目的は、国際的に協力して生物の多様性の確保を図るため、「遺伝子組換え生物等」の使用等を規制することにある。実際に遺伝子組換え生物等が生態系に与える影響として、大きく以下の 3 点が想定される[3]。

---

2)　カルタヘナ法については、環境省「ご存じですか？ カルタヘナ法」(https://www.biodic.go.jp/bch/cartagena/index.html)、農林水産省「カルタヘナ法とは」(https://www.maff.go.jp/j/syouan/nouan/carta/about/)、経済産業省「安全審査に関する情報（カルタヘナ法、バイオレメディエーション利用指針）」(https://www.meti.go.jp/policy/mono_info_service/mono/bio/cartagena/anzen-shinsa2.html) で解説されており、以下の内容もこうした解説に基づいている。

3)　経済産業省「カルタヘナ法の概要」I-5 (https://www.meti.go.jp/policy/mono_info_service/mono/bio/cartagena/manual-gaiyou.pdf)。

① 遺伝子組換え生物が在来の生態系へ侵入することで、例えば組換え
DNA 技術によって病気に強い植物が開発され、生存能力が強い植物が
在来の植物種の生育に与える影響
② 遺伝子組換え生物が在来種と交雑してしまうことによる影響で、組換
え DNA 技術によって特別な形質の花粉が近縁の在来種の集団に飛散す
ることによって、野生の近縁種の集団が交雑集団に置き換わってしまう
といった影響
③ 遺伝子組換え生物が生み出す物質による在来種の集団への影響で、例
えば、組換え DNA 技術により殺虫性の物質を生む形質が与えられた植
物が、他の植物などに有害な物質を生み出すことによって他の植物など
を駆逐してしまう場合

㈦ 遺伝子組換え生物等とは

カルタヘナ法が規制対象とする「遺伝子組換え生物等」とは、以下の
技術の利用により得られた核酸またはその複製物を有する生物をいう
(カルタヘナ法2条2項、カルタヘナ法施行規則2条、3条)。

① 細胞、ウイルスまたはウイロイドに核酸を移入してその核酸を移転さ
せ、または複製させることを目的として細胞外において核酸を加工する
技術であって、次に掲げるもの以外のもの
 (i) 細胞に移入する核酸として、次に掲げるもののみを用いて加工する
 技術
   イ その細胞が由来する生物と同一の分類学上の種に属する生物の核
   酸(セルフクローニング)
   ロ 自然条件においてその細胞が由来する生物の属する分類学上の種
   との間で核酸を交換する種に属する生物の核酸(ナチュラルオカレ
   ンス)
 (ii) ウイルスまたはウイロイドに移入する核酸として、自然条件におい
 てそのウイルスまたはウイロイドとの間で核酸を交換するウイルスま
 たはウイロイドの核酸のみを用いて加工する技術(ナチュラルオカレ
 ンス)
② 異なる分類学上の科に属する生物の細胞を融合する技術であって、交
配等従来から用いられているもの以外のもの

前提として、カルタヘナ法における「生物」とは、一の細胞(細胞群

を構成しているものを除く）または細胞群（以下「細胞等」という）であって核酸を移転しまたは複製する能力を有するもの、ウイルスおよびウイロイドと定義される（カルタヘナ法2条1項）。「細胞等」の定義から、①ヒトの細胞等、②分化する能力を有する、または分化した細胞等（個体および配偶子を除く）であって、自然条件において個体に成育しないものは除かれる（カルタヘナ法施行規則1条）。

(エ)　遺伝子組換え生物等の使用等に課される義務

カルタヘナ法では、「遺伝子組換え生物等」の「使用等」[4] に当たって、使用形態に応じて「第一種使用等」と「第二種使用等」とに分け、それぞれの使用に応じて、執るべき措置を定めている。

「第一種使用等」とは、施設等の外の環境（大気、水または土壌）中への拡散を防止しないで行う使用等を意味する（カルタヘナ法2条5項）。例えば、遺伝子組換えトウモロコシの輸入、流通、栽培など、遺伝子組換え生物等の環境放出を伴う行為は第一種使用等となる。第一種使用等をする際には、事前に第一種使用規程を定め、生物多様性影響評価書等を添付し、主務大臣の承認を受ける必要がある（同法4条1項・2項）。審査に当たっては、学識経験者の意見聴取が経られ（同条4項）、野生動植物の種または個体群の維持に支障を及ぼすおそれがある影響その他の生物多様性影響が生ずるおそれがないと認められるときに使用等が承認される（同条5項）。

「第二種使用等」とは、施設等の外の環境中への拡散を防止する意図をもって行う使用等であって、そのことを明示する措置等を執って行うものを意味する（カルタヘナ法2条6項）。施設等（施設、設備その他の構造物）を用いることその他必要な方法により施設等の外の環境中に遺伝子組換え生物等が拡散することを防止するために執る措置を「拡散防止

---

4)　「使用等」とは、食用、飼料用その他の用に供するための使用、栽培その他の育成、加工、保管、運搬および廃棄ならびにこれらに付随する行為をいう（カルタヘナ法2条3項）。

[図表 3-1]　第一種使用等の大臣承認申請手続

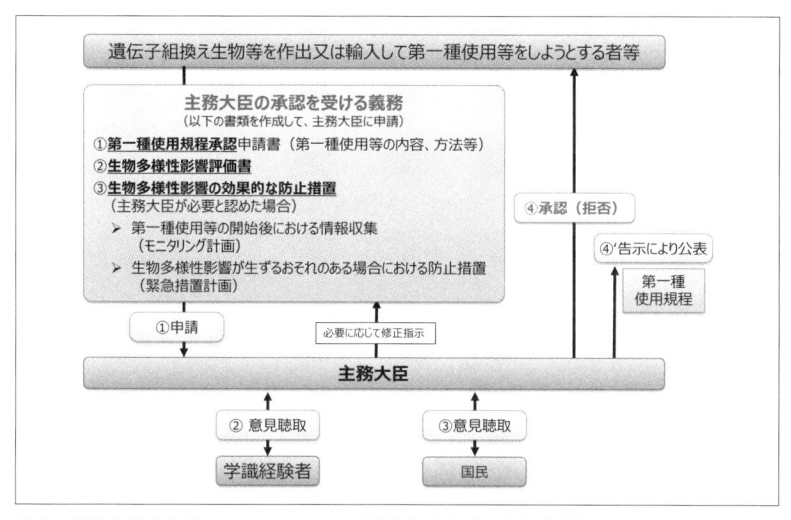

出典：経済産業省商務・サービスグループ生物化学産業課生物多様性・生物兵器対策室「遺
　　　伝子組換え生物等の使用等の規制による生物の多様性の確保に関する法律（カルタヘ
　　　ナ法）説明資料〈産業第二種使用関連〉」（2021（令和3）年1月）16頁。

[図表 3-2]　第二種使用等の手続（産業上の使用等の場合）

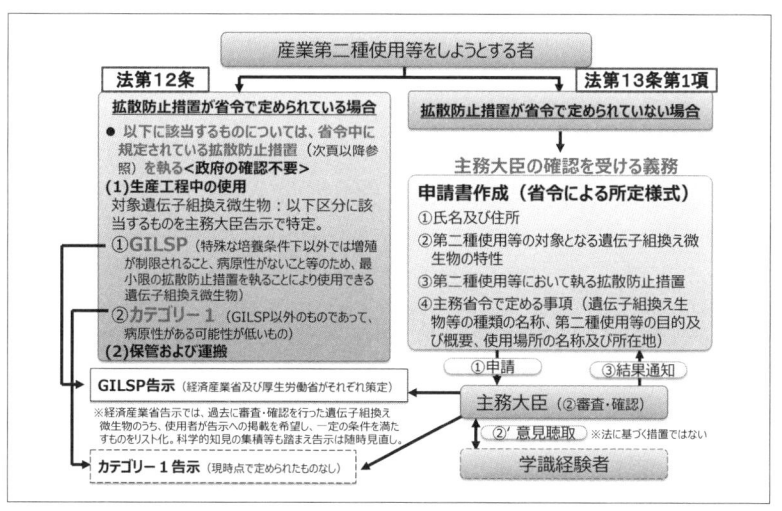

出典：経済産業省商務・サービスグループ生物化学産業課生物多様性・生物兵器対策室「遺
　　　伝子組換え生物等の使用等の規制による生物の多様性の確保に関する法律（カルタヘ
　　　ナ法）説明資料〈産業第二種使用関連〉」22頁。

措置」という（同条7項）。拡散防止措置が主務省令で定められている場合は、その措置を執ることが求められる（同法12条）。定められていない場合は、あらかじめ主務大臣の確認を受けた拡散防止措置を執る必要がある（同法13条1項）。

　カルタヘナ法における「主務大臣」は、環境大臣のほか分野ごとに定められており、研究開発について文部科学大臣、酒類製造について財務大臣、医薬品等について厚生労働大臣、農林水産について農林水産大臣、鉱工業について経済産業大臣となる。

(2)　ゲノム編集技術の取扱い

(ア)　遺伝子組換え生物等への該当性

　(1)(ウ)で述べたとおり、カルタヘナ法の規制を受ける「遺伝子組換え生物等」には、細胞外において核酸を加工する技術の利用により得られた核酸またはその複製物を有する生物が含まれる。そこで、ゲノム編集技術により得られた生物が「遺伝子組換え生物等」に該当して、カルタヘナ法の規制を受けるか否かが問題となる。

　この問題については、環境省の「中央環境審議会自然環境部会 遺伝子組換え生物等専門委員会」（2015年11月設置）やその下に設置された「カルタヘナ法におけるゲノム編集技術等検討会」（2018年7月設置）での検討を経て、2018年9月20日に「ゲノム編集技術の利用により得られた生物のカルタヘナ法上の整理及び取扱方針について（案）」がパブリック・コメント手続にかけられた。同年12月21日に公表されたその結果[5]も踏まえて、環境省より2019年2月8日に発出された「ゲノ

---

5)　「ゲノム編集はカルタヘナ法の制定時には想定されていなかった新しい技術であり、カルタヘナ法の文言を根拠に、細胞外で作成した核酸の残存の有無で規制対象であるか否かを決めるのは 妥当ではない。ゲノム編集技術により得られた生物についても、対応に慎重を期し、全てカルタヘナ法の規制対象とするか、新たな規制制度を検討すべきである。」といった批判的なコメントも含めて合計183件の意見がよせられた。これらに対する環境省の考え方（https://public-comment.e-gov.go.jp/servlet/PCMFileDownload?seqNo=0000181234）を、以下「環境省パブコメ回答」という。

ム編集技術の利用により得られた生物であってカルタヘナ法に規定された『遺伝子組換え生物等』に該当しない生物の取扱いについて」（環自野発第1902081号。以下「環境省通達」という）の別紙では、ゲノム編集技術の利用により得られた生物のカルタヘナ法における規制対象範囲について、以下の考え方が示されている。

(ⅰ)　最終的に得られた生物に細胞外で加工した核酸が含まれない場合は、「遺伝子組換え生物等」には該当しない（カルタヘナ法の適用を受けない）[6]

(ⅱ)　最終的に得られた生物に細胞外で加工した核酸が含まれる場合は、「遺伝子組換え生物等」に該当する（カルタヘナ法の適用を受ける）[7]

　このように細胞外で加工した核酸が含まれるか否かで区分する考え方は、細胞外において核酸を加工する技術の利用により得られた核酸またはその複製物を有する生物、との「遺伝子組換え生物等」の定義と整合する。

　第1編第1章2(2)(ア)(B)で触れたように、ゲノム編集の類型は、①宿主の標的塩基配列を切断後、自然修復の際に変異（塩基の欠失、挿入ま

---

6)　(ⅰ)タンパク質のみで構成される人工ヌクレアーゼを直接細胞に移入した場合、(ⅱ)一過性にその機能を発現させることを期待して、人工ヌクレアーゼ遺伝子をベクターに組み込む等により細胞内に移入する場合であっても、人工ヌクレアーゼ遺伝子を含むベクター等が宿主のゲノム中に移転または複製されない場合、(ⅲ)宿主のゲノムに人工ヌクレアーゼ遺伝子を組み込む場合であっても、従来品種との戻し交配等によって、組み込まれた遺伝子を除去した場合（null segregant）が含まれる。ただし、いずれの場合も、作製の過程において細胞外で加工した核酸を移入するものについては、得られた生物にその核酸が残存していないことが確認されるまでの間は、「遺伝子組換え生物等」として取り扱い、カルタヘナ法に基づく適切な措置を講ずる必要があるとされる。

7)　ただし、宿主と同一の分類学上の種に属する生物の核酸のみを用いた場合（いわゆるセルフクローニング）、自然条件において宿主の属する分類学上の種との間で核酸を交換する種に属する生物（ウイルスおよびウイロイドを含む）の核酸のみを用いた場合（いわゆるナチュラルオカレンス）については、カルタヘナ法施行規則2条1号イおよびロならびに2号に該当するため、「遺伝子組換え生物等」に該当しない。

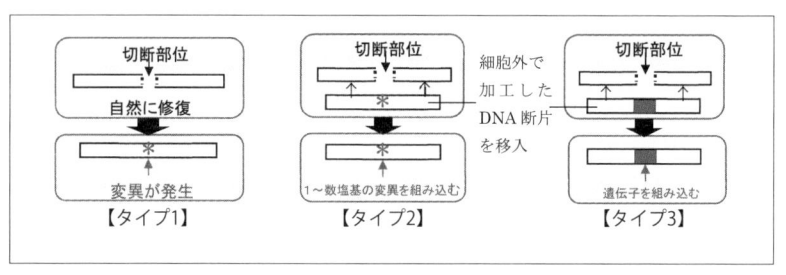

出典：遺伝子組換え生物等専門委員会「ゲノム編集技術の利用により得られた生物のカルタ
　　ヘナ法上の整理及び取扱方針について（案）」(2018（平成 30）年 8 月 30 日）2 頁を
　　一部改変。

たは置換）が発生する類型（タイプ 1）、細胞外で加工した DNA 断片を
挿入することにより、標的塩基配列を切断後、切断部位が修復される際
に、②外来の「塩基」が組み込まれる類型（タイプ 2）、③外来の「遺伝
子」が組み込まれる類型（タイプ 3）に分類することができる（[図表 3-
3] 参照）。

　上記の考え方に従えば、ゲノム編集技術の類型のうち、タイプ 1 は、
宿主の標的塩基配列を切断後、自然修復の際に変異（塩基の欠失、挿入
または置換）が発生するにすぎず、(i)最終的に得られた生物に細胞外で
加工した核酸が含まれない場合として、基本的に「遺伝子組換え生物
等」には該当しない（カルタヘナ法の適用を受けない）と考えられる一方、
タイプ 2 およびタイプ 3 は、外来の DNA 断片（塩基や遺伝子）が組み
込まれることになるから、(ii)最終的に得られた生物に細胞外で加工した
核酸が含まれる場合として、「遺伝子組換え生物等」に該当する（カル
タヘナ法の適用を受ける）可能性がある[8]。

---

8)　遺伝子組換え生物等専門委員会「ゲノム編集技術の利用により得られた生物の
　カルタヘナ法上の整理及び取扱方針について（案）」(2018（平成 30）年 8 月 30
　日）3 ～ 4 頁、環境省パブコメ回答 9 ～ 13 頁参照。

⑷　遺伝子組換え生物等に該当しない生物の情報提供制度

㈠で述べた考え方に従い、ゲノム編集技術により得られた生物が「遺伝子組換え生物等」に該当しない場合には、カルタヘナ法の適用は受けない。もっとも、環境省通達は、その使用等に先立ち、その生物の特徴および生物多様性影響が生じる可能性の考察結果等について、それぞれの主務大臣の属する官庁（主務官庁。文部科学省、財務省、厚生労働省、農林水産省、経済産業省）に情報提供を行うことを求めている。ゲノム編集技術の新規性等を考慮し、生物多様性の保全の観点から、国が知見を収集し、作出経緯を把握するためである[9]。

使用者から情報提供を受けた主務官庁は、生物多様性影響が生ずるおそれに関し疑義がある場合は、その使用者に対し、必要な追加情報を求めるとともに、必要な措置を執ることとされる。

具体的に、情報提供が求められる項目は、以下のとおりである。

> ①　カルタヘナ法に規定される細胞外で加工した核酸またはその複製物が残存していないことが確認された生物であること（その根拠を含む）
> ②　改変した生物の分類学上の種
> ③　改変に利用したゲノム編集の方法
> ④　改変した遺伝子およびその遺伝子の機能
> ⑤　その改変により付与された形質の変化
> ⑥　⑤以外に生じた形質の変化の有無（ある場合はその内容）
> ⑦　その生物の用途
> ⑧　その生物を使用した場合に生物多様性影響が生ずる可能性に関する考察

これに基づき、実際に情報提供された生物に関する情報は、環境省のウェブサイト（日本版バイオセーフティクリアリングハウス：J-BCH）で公表されている。これまでに公表された情報提供書の概要は、以下のとおりである。

---

9)　環境省パブコメ回答1〜2頁参照。

［図表 3-4］　実際に情報提供されたゲノム編集技術により得られた生物の概要

公表日	概要	情報提供者	主務官庁
2023 年 12 月 25 日	高成長ヒラメ（8D 系統）	リージョナルフィッシュ株式会社	農林水産省
2023 年 7 月 27 日 （2024 年 1 月 16 日更新）	GABA 高蓄積トマト（#206-4）	サナテックライフサイエンス株式会社	農林水産省
2023 年 7 月 7 日	イネ開花期決定遺伝子・概日時計構成因子遺伝子・糖＆澱粉代謝遺伝子をゲノム編集したイネ個体群	国立大学法人東京大学	文部科学省
2023 年 4 月 26 日	ステロイドグリコアルカロイド低生産性ジャガイモ	国立大学法人大阪大学	文部科学省
2023 年 3 月 20 日	PH1V69 CRISPR/Cas 9 ワキシートウモロコシ	コルテバ・アグリサイエンス日本株式会社	農林水産省
2022 年 12 月 6 日	可食部増量マダイ（E361－E90 系統 _ 従来品種－B224 系統）	リージョナルフィッシュ株式会社	農林水産省
2022 年 12 月 6 日	高成長トラフグ（従来系統－4D 系統）	リージョナルフィッシュ株式会社	農林水産省
2022 年 9 月 13 日	イネ開花期決定遺伝子・概日時計構成因子遺伝子をゲノム編集したイネ個体群	国立大学法人東京大学	文部科学省
2021 年 11 月 12 日	Euglena gracilis GSL2 欠失変異体（GSL2 KO #28 株）	株式会社ユーグレナ	経済産業省
2021 年 10 月 29 日	高成長トラフグ（4D-4D 系統）	リージョナルフィッシュ株式会社	農林水産省
2021 年 9 月 22 日	アラニンアミノ酸転移酵素を改変した穂発芽耐性コムギ	国立研究開発法人農業・食品産業技術総合研究機構	文部科学省
2021 年 9 月 17 日	可食部増量マダイ（E189-E90 系統）	リージョナルフィッシュ株式会社	農林水産省

2021年 6月29日	フロリゲン遺伝子をゲノム編集したイネ変異体群	国立大学法人東京大学	文部科学省
2021年 4月5日	ステロイドグリコアルカロイド低生産性ジャガイモ	国立研究開発法人理化学研究所横浜事業所	文部科学省
2020年 12月11日 （2024年1 月16日更新）	GABA高蓄積トマト（#87-17）	サナテックライフサイエンス株式会社	農林水産省

出典：環境省バイオセーフティクリアリングハウス「ゲノム編集関連情報」の「情報提供」
（https://www.biodic.go.jp/bch/bch_8_3.html）の情報を基に作成。

2　食品衛生法

(1)　規制の概要

　食品衛生法（昭和22年法律第233号）の目的は、食品の安全性の確保のために公衆衛生の見地から必要な規制その他の措置を講ずることにより、飲食に起因する衛生上の危害の発生を防止することにある。食品衛生法13条1項および18条に基づき「食品、添加物等の規格基準」（昭和34年厚生省告示第370号。以下「規格基準」という）が定められている。なお、2023年5月の一連の立法により、厚生労働省が所管してきた食品衛生行政のうち、食品の衛生規格基準等の食品衛生基準行政が2024年度から消費者庁に移管されることとなった。移管後も食品安全行政の基本的な枠組みに変更はないとされ、厚生労働省薬事・食品衛生審議会が担っていた食品衛生基準行政に係るものは消費者庁に新設された食品衛生基準審議会へ移管され、規格基準の安全性審査等を定める者が厚生労働大臣から内閣総理大臣に変更された[10]。

規格基準では、「組換え DNA 技術」は、酵素等を用いた切断および再結合の操作によって、DNA をつなぎ合わせた組換え DNA 分子を作製し、それを生細胞に移入し、かつ、増殖させる技術と定義されている（規格基準第 1「食品」A 2 かっこ書）。ただし、最終的に宿主（組換え DNA 技術において、DNA が移入される生細胞）に導入された DNA が、その宿主と分類学上同一の種に属する微生物の DNA のみであることまたは組換え体（組換え DNA を含む宿主）が自然界に存在する微生物と同等の遺伝子構成であることが明らかであるものを作製する技術は除かれる（同かっこ書）。

　食品一般の成分規格として、食品が「組換え DNA 技術」によって得られた生物の全部もしくは一部であり、またはその生物の全部もしくは一部を含む場合は、その生物は、内閣総理大臣が定める安全性審査の手続を経た旨の公表がなされたものでなければならない（規格基準第 1「食品」A 2）。食品が「組換え DNA 技術」によって得られた微生物を利用して製造された物であり、またはその物を含む場合も、同様である（同 3）。また、食品一般の製造、加工および調理基準として、「組換え DNA 技術」によって得られた微生物を利用して食品を製造する場合は、内閣総理大臣が定める基準に適合する旨の確認を得た方法で行わなければならない（規格基準第 1「食品」B 6）。

　添加物についても、添加物が「組換え DNA 技術」によって得られた生物を利用して製造された物である場合には、その物は、内閣総理大臣が定める安全性審査の手続を経た旨の公表がなされたものでなければならない（規格基準第 2「添加物」D）。また、「組換え DNA 技術」によって得られた微生物を利用して添加物を製造する場合には、内閣総理大臣が定める基準に適合する旨の確認を得た方法で行わなければならない（同 E 3）。

---

10)　令和 6 年厚生労働省告示第 171 号、また消費者庁「厚生労働省から消費者庁への食品衛生基準行政の移管について」（https://www.caa.go.jp/policies/policy/consumer_safety/food_safety/assets/consumer_policy_cms203_230906_01.pdf）参照。

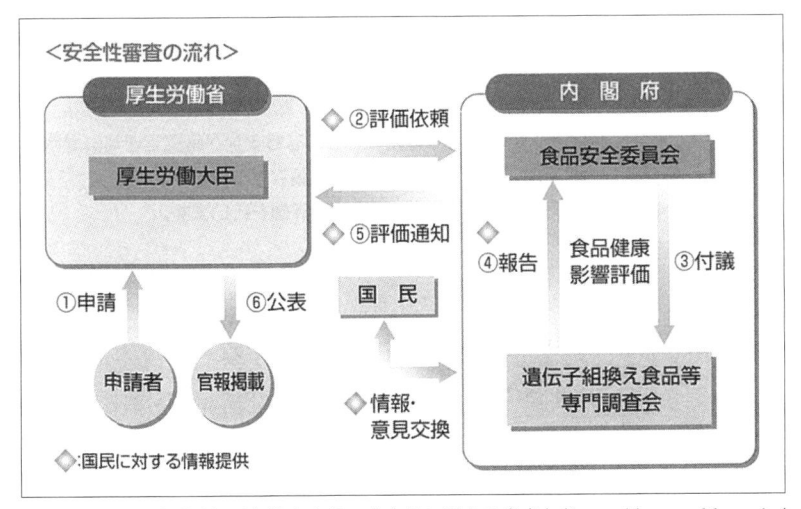

出典：厚生労働省「遺伝子組換え食品の安全性に関する審査」（https://www.mhlw.go.jp/ stf/seisakunitsuite/bunya/kenkou_iryou/shokuhin/bio/idenshi/anzen/anzen. html）。なお、安全審査基準を定める者が厚生労働大臣から内閣総理大臣に 2024 年 4 月から変更されている。

　以上のように、「組換え DNA 技術」を応用した食品・添加物（以下「遺伝子組換え食品等」という）については、内閣総理大臣による安全性審査を受ける必要がある。安全性審査では、「組換え DNA 技術」の応用による新たな有害成分が存在していないかなど、遺伝子組換え食品等の安全性について、食品安全委員会の意見を聴き、総合的に審査される。安全性が確認された場合にのみ、遺伝子組換え食品等を製造・輸入・販売することができる。

(2)　ゲノム編集技術の取扱い

(ア)　組換え DNA 技術への該当性

(1)で述べたとおり、「組換え DNA 技術」とは、酵素等を用いた切断および再結合の操作によって、DNA をつなぎ合わせた組換え DNA 分子を作製し、それを生細胞に移入し、かつ、増殖させる技術と定義され

ている。そこで、食品等を製造・輸入・販売する場合にその食品等に使用されたゲノム編集技術が「組換え DNA 技術」に該当して、その技術により得られた食品（ゲノム編集技術応用食品）が食品衛生法の規制の適用を受けるか否かが問題となる。

　この問題については、厚生労働省の薬事・食品衛生審議会（食品衛生分科会新開発食品調査部会）で検討が行われ、2019（平成 31）年 3 月 27 日に公表された報告書「ゲノム編集技術を利用して得られた食品等の食品衛生上の取扱いについて」（以下「薬事・食品衛生審議会報告書」という）3.(1)では、以下の考え方が示されている。

> ①　ゲノム編集技術応用食品のなかで、外来遺伝子およびその一部が除去されていないものは、「組換え DNA 技術」に該当し、食品、添加物等の規格基準に基づく安全性審査の手続を経る必要がある
> ②　ゲノム編集技術応用食品のなかで、外来遺伝子およびその一部が残存しないことに加えて、人工制限酵素の切断箇所の修復に伴い塩基の欠失、置換、自然界で起こり得るような遺伝子の欠失、さらに結果として 1 塩基〜数塩基の変異が挿入される結果となるものは、食品衛生法上の「組換え DNA 技術」に該当せず、また、それらの変異は自然界で起こる切断箇所の修復で起こる変化の範囲内であり、組換え DNA 技術に該当しない従来の育種技術でも起こり得ると考えられることから、組換え DNA 技術応用食品とは異なる扱いとする

　この考え方に従えば、ゲノム編集技術の類型のうち、外来の遺伝子が組み込まれるタイプ 3 は、①外来遺伝子およびその一部が除去されていないものとして、「組換え DNA 技術」に該当する（前掲［図表 3-3］参照）。

　一方、自然修復の際に変異（塩基の欠失、挿入または置換）が発生するタイプ 1 は、②外来遺伝子およびその一部が残存しないことに加えて、人工制限酵素（人工の DNA を切断する酵素）の切断箇所の修復に伴い塩基の欠失、置換、自然界で起こり得るような遺伝子の欠失、さらに結果として 1 塩基から数塩基の変異が挿入される結果となるものとして、「組換え DNA 技術」に該当しない。

　細胞外で加工した DNA 断片を挿入することにより、標的塩基配列を

切断後、切断部位が修復される際に、外来の塩基が組み込まれるタイプ 2 については、外来遺伝子およびその一部が残存せず、自然界で起こり得るような 1 塩基から数塩基の変異を挿入する程度のものであれば、「組換え DNA 技術」に該当しない[11]。

(イ) 組換え DNA 技術に該当しないゲノム編集技術応用食品の届出制度

(ア)で述べた考え方に従い、「組換え DNA 技術」に該当しないゲノム編集技術応用食品は、食品衛生法の適用を受けない。もっとも、薬事・食品衛生審議会報告書 3.(1)では、「組換え DNA 技術」に該当しないゲノム編集技術応用食品であっても、「従来の育種技術を利用して得られた食品と同等の安全性を有すると考えられることの確認とともに、今後の状況の把握等を行うため、当該ゲノム編集技術応用食品に係る情報の提供を求め、企業秘密に配慮しつつ、一定の情報を公表する仕組みをつくることが適当である」とされた。

そこで、厚生労働省がパブリック・コメント手続を経て[12]、2019（令和 2）年 9 月 19 日に策定した「ゲノム編集技術応用食品及び添加物の食品衛生上の取扱要領」（大臣官房生活衛生・食品安全審議官決定。以下「取扱要領」という）では、「組換え DNA 技術」に該当しないゲノム編集技術応用食品および添加物の届出制度が定められた[13]。カルタヘナ法上の「遺伝子組換え生物等」に該当しない生物の情報提供制度（1(2)(イ)参照）と類似する制度といえる。

「組換え DNA 技術」に該当しないゲノム編集技術応用食品について

---

11) 松永和紀『ゲノム編集食品が変える食の未来』（ウェッジ、2020 年）93 〜 94 頁。

12) 「ゲノム編集技術応用食品等は新しい技術であり、社会的関心も高い。ゲノム編集技術応用食品等を従来育種と同列に扱うことには 疑問があり、安全性に不安があるので、全て安全性審査を義務付け、情報開示してほしい」といった批判的なコメントも含めて合計 314 件の意見がよせられた。これらに対する厚生労働省 の 考 え 方（https://public-comment.e-gov.go.jp/servlet/Pc-mFileDown load?seqNo=0000192458）を、以下「厚生労働省パブコメ回答」という。

届出が求められる情報は、以下のとおりである（取扱要領5.(1)）。

---

① 開発した食品の品目・品種名および概要（利用方法および利用目的）
② 利用したゲノム編集技術の方法および改変の内容
③ 外来遺伝子およびその一部の残存がないことの確認に関する情報
④ 確認された DNA の変化がヒトの健康に悪影響を及ぼす新たなアレルゲンの産生および含有する既知の毒性物質の増加を生じないことの確認に関する情報
⑤ 特定の成分を増加・低減させるため代謝系に影響を及ぼす改変を行ったものについては、標的とする代謝系に関連する主要成分（栄養成分に限る。）の変化に関する情報
⑥ 上市年月（※上市後に厚生労働省へ届出）

　このような届出制度に基づき、実際に届け出られたゲノム編集技術応用食品が、［**図表 3-6**］のとおり厚生労働省のウェブサイトで公表されている。

［図表 3-6］　実際に届け出られたゲノム編集技術応用食品

No.	品目名	届出年月日	届出者	上市年月
1	グルタミン酸脱炭酸酵素遺伝子の一部を改変しGABA 含有量を高めたトマト（87-17 系統）	2020 年12 月 11 日	サナテックライフサイエンス株式会社（旧サナテックシード株式会社）	2021 年9 月
2	可食部増量マダイ	2021 年9 月 17 日	リージョナルフィッシュ株式会社	2021 年10 月
	※ 2021 年 9 月 17 日届出系統の追加系統	2022 年12 月 5 日	リージョナルフィッシュ株式会社	2023 年1 月

---

13)　ゲノム編集技術を利用して得られた魚類（ゲノム編集魚類）の取扱いに当たっては、養殖魚は栽培植物と比べて、①育種や品種改良の歴史が非常に浅い、②魚種によっては、遺伝的多様性が非常に高い、③ゲノム編集当代において、各細胞でモザイク状に変異が起こりやすい（ただし、これらを交配した次世代において変異は全細胞で統一される）といった特徴から留意すべき点がある。そこで、薬事・食品衛生審議会（食品衛生分科会新開発食品調査部会遺伝子組換え食品等調査会）より、「ゲノム編集技術を利用して得られた魚類の取扱いにおける留意事項」（2021（令和 3）年 6 月 25 日）が示されている。

3	高成長トラフグ	2021 年 10 月 29 日	リージョナルフィッシュ株式会社	2021 年 11 月
	※ 2021 年 10 月 29 日 届出系統の追加系統	2022 年 12 月 5 日	リージョナルフィッシュ株式会社	2023 年 1 月
4	PH1V69 CRISPR/Cas 9 ワキシートウモロコシ	2023 年 3 月 20 日	コルテバ・アグリサイエンス日本株式会社	上市未定
5	グルタミン酸脱炭酸酵素遺伝子の一部を改変し GABA 含有量を高めたトマト（206-4 系統）	2023 年 7 月 27 日	サナテックライフサイエンス株式会社（旧サナテックシード株式会社）	上市未定
6	高成長ヒラメ	2023 年 10 月 24 日	リージョナルフィッシュ株式会社	上市未定

出典：厚生労働省「ゲノム編集技術応用食品及び添加物の食品衛生上の取扱要領に基づき届出された食品及び添加物一覧」(https://www.mhlw.go.jp/stf/seisakunitsuite/bunya/kenkou_iryou/shokuhin/bio/genomed/newpage_00010.html) の表から情報を一部抜粋したもの（2024 年 8 月現在）。

　ゲノム編集技術応用食品としての届出を行うに当たっては、事前に、厚生労働省医薬・生活衛生局食品基準審査課新開発食品保健対策室に事前相談を申し込む必要がある（取扱要領 4.(1)）。厚生労働省は、事前相談の食品等が届出あるいは安全性審査のいずれの対象に該当するか否かについて、必要に応じて薬事・食品衛生審議会 食品衛生分科会 新開発食品調査部会 遺伝子組換え食品等調査会に確認の上、開発者等に結果を回答する（同要領 4.(2)）。ゲノム編集技術の類型のうち、特にタイプ 2 については、自然界で起こり得るような 1 塩基から数塩基の変異を挿入する程度のものであれば、食品衛生法上の「組換え DNA 技術」に該当しないことになるが（(ア)参照）、どのような製品がどのような取扱いとなるかは個別具体的に判断する必要があるため、厚生労働省への事前相談を求めたものと理解できる[14]。

　なお、届出制度は、そもそも食品衛生法の対象とはならない（「組換

14）　厚生労働省パブコメ回答 6 頁参照。

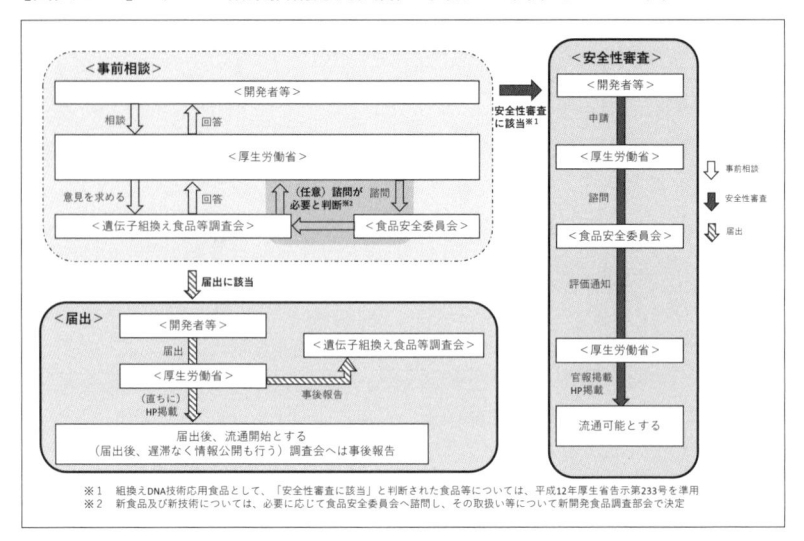

出典：厚生労働省「ゲノム編集技術応用食品及び添加物の食品衛生上の取扱要領」(2019（令和元）年9月19日大臣官房生活衛生・食品安全審議官決定)、2020（令和2）年12月23日最終改正「別添ゲノム編集技術応用食品の取扱いに係るフロー図」(https://www.mhlw.go.jp/content/000549243.pdf)。

えDNA技術」に該当しない）ゲノム編集技術応用食品等に適用されるものとなっていて、取扱要領に違反した場合のエンフォースメントに法的根拠はないといわざるを得ない[15]。この点について、厚生労働省からは「本通知に従わない事実が確認された場合にあっては、経緯等を確認の上、食品衛生法その他の法令にも照らし合わせつつその旨も当該開発者等の情報と共に公表することも考えている」[16]との回答が示されており、公表によって事実上のエンフォースメントが企図されているものと評価

---

15)　薬事・食品衛生審議会報告書3.(1)では、「ゲノム編集技術応用食品に係る情報・データの蓄積は社会的に重要であり、また、新たな育種技術に対する消費者等の不安への配慮も必要であることから、厚生労働省は、現時点では法的な義務化にはそぐわなくとも、将来の届出義務化の措置変更も視野に入れつつ、届出の実効性が十分に確保されるよう対応するべきである」とされている。

16)　厚生労働省パブコメ回答5頁。

できる。

(3) 類似の規制の枠組み

遺伝子組換えやゲノム編集により得られた飼料についても、食品と同様にその安全性確保の観点から類似の規制枠組みが設けられている。すなわち、規制法として「飼料の安全性の確保及び品質の改善に関する法律」（昭和28年法律第35号）がある。また、ゲノム編集飼料および飼料添加物の取扱いを定めたものとして、農林水産省が「ゲノム編集飼料及び飼料添加物の飼料安全上の取扱要領」（令和2年2月7日元消安第4605号農林水産省消費・安全局長、2021（令和3）年4月20日改正）を策定している。

3 食品表示法

(1) 規制の概要

遺伝子組換え食品等については、2(1)で述べたとおり食品衛生法に基づく安全性審査手続が定められているが、それとは別に、食品表示法（平成25年法律第70号）4条1項に基づき定められた食品表示基準（平成27年内閣府令第10号）において表示規制も定められている。

食品表示法（平成25年法律第70号）の目的は、販売の用に供する食品に関する表示について、基準の策定その他の必要な事項を定めることによりその適正を確保し、一般消費者が食品を摂取する際の安全性の確保および自主的かつ合理的な食品の選択の機会の確保を図ることにある。

食品表示基準上、「遺伝子組換え農産物」とは、「対象農産物」のうち「組換えDNA技術」を用いて生産されたものをいう（食品表示基準2条1項15号）。

「対象農産物」は、「組換え DNA 技術」を用いて生産された農産物の属する作目であって、①大豆（枝豆および大豆もやしを含む）、②とうもろこし、③ばれいしょ、④なたね、⑤綿実、⑥アルファルファ、⑦てん菜、⑧パパイヤ、⑨からしなをいう（食品表示基準2条1項14号、別表第16）。

　「組換え DNA 技術」は、酵素等を用いた切断および再結合の操作によって、DNA をつなぎ合わせた組換え DNA を作製し、それを生細胞に移入し、かつ、増殖させる技術と定義されている（食品表示基準2条1項13号）。この定義は、食品衛生法に基づく食品、添加物等の規格基準における「組換え DNA 技術」の定義（2⑴参照）と同じである。

　遺伝子組換え食品については、以下の㋐から㋒のような表示義務が課されている（食品表示基準3条2項表の「遺伝子組換え食品に関する事項」に関する部分）[17]。

㋐　分別生産流通管理が行われたことを確認した遺伝子組換え農作物である対象農産物を原材料とする場合

　その原材料名の次にかっこを付して「遺伝子組換えのものを分別」、「遺伝子組換え」など、分別生産流通管理が行われた遺伝子組換え農産物である旨を表示することが義務付けられている。

［表示例］

名　　称	木綿豆腐
原材料名	大豆（遺伝子組換えのものを分別）、○○、△△／・・・

名　　称	納豆
原材料名	大豆（遺伝子組換え）、○○、△△／・・・

---

17)　表示例は、東京都保健医療局「食品衛生の窓」（https://www.hokeniryo.metro.tokyo.lg.jp/shokuhin/hyouji/shokuhyouhou_idennshi.html）参照。

㈣　生産、流通または加工のいずれかの段階で遺伝子組換え農産物および非遺伝子組換え農産物が分別されていない対象農産物を原材料とする場合

　その原材料名の次にかっこを付して「遺伝子組換え不分別」など、遺伝子組換え農産物および非遺伝子組換え農産物が分別されていない旨を表示することが義務付けられている。

[表示例]

```
名　　称　　コーンスナック菓子
原材料名　　とうもろこし（遺伝子組換え不分別）、○○、△△／・・・
```

㈦　遺伝子組換え農産物が混入しないように分別生産流通管理が行われたことを確認した対象農産物を原材料とする場合

①　その原材料名を表示するか、または、その原材料名の次にかっこを付して、もしくは容器包装の見やすい箇所にその原材料名に対応させて、「分別生産流通管理済み」など、遺伝子組換え農産物が混入しないように分別生産流通管理が行われた旨を表示することが義務付けられている。

[表示例]

```
名　　称　　絹ごし豆腐
原材料名　　大豆（分別生産流通管理済み）、○○、△△／・・・
```

②　遺伝子組換え農産物が混入しないように分別生産流通管理が行われた旨を表示しようとする場合において、遺伝子組換え農産物の混入がないと認められる対象農産物を原材料とする場合に限り、遺伝子組換え農産物が混入しないように分別生産流通管理が行われた旨の表示に代えて、「遺伝子組換えでない」、「非遺伝子組換え」など、遺伝子組換え農産物の混入がない非遺伝子組換え農産物である旨を示す文言を表示することができる。

> 名　　称　　絹ごし豆腐
> 原材料名　　大豆（遺伝子組換えでない）、○○、△△／・・・

(2)　ゲノム編集技術の取扱い

(ア)　組換え DNA 技術への該当性

ゲノム編集技術応用食品に関する食品表示法・食品表示基準に基づく表示規制の適用については、消費者庁「ゲノム編集技術応用食品に係るQ&A」（以下「Q&A」という）で示された考え方が参考になる。

(1)で述べたとおり、食品表示法に基づく食品表示基準における「組換え DNA 技術」の定義は、食品衛生法に基づく食品、添加物等の規格基準における「組換え DNA 技術」の定義と同じである。

したがって、ゲノム編集技術応用食品について、遺伝子組換え食品として食品表示基準に基づく遺伝子組換え表示制度の適用を受けるか否かは、食品、添加物等の規格基準に基づく安全性審査の手続を経る必要があるか否かの考え方（2(2)(ア)参照）と一致することになる（Q&A 2 番参照）。

(イ)　組換え DNA 技術に該当しない場合の消費者への情報提供

「組換え DNA 技術」に該当しないゲノム編集技術応用食品については、Q&A 3 番において考え方が示されている。

まず、遺伝子組換え食品に該当しない以上、食品表示法・食品表示基準に基づく表示を食品関連事業者に義務付けるのは「現時点」では妥当でないとしている。この理由として、ゲノム編集技術によって得られた変異と従来の育種技術によって得られた変異とを判別し検知するための実効的な検査法の確立が困難であり、表示監視における科学的な検証が困難であるという科学的な見地からの理由が挙げられている。また、国内における食品供給行程の各段階における分別流通等の管理方法が確立されておらず、国際的にもゲノム編集技術応用食品に係る表示に必要な情報を十分に得ることが難しい現状において、ある食品がゲノム編集技術

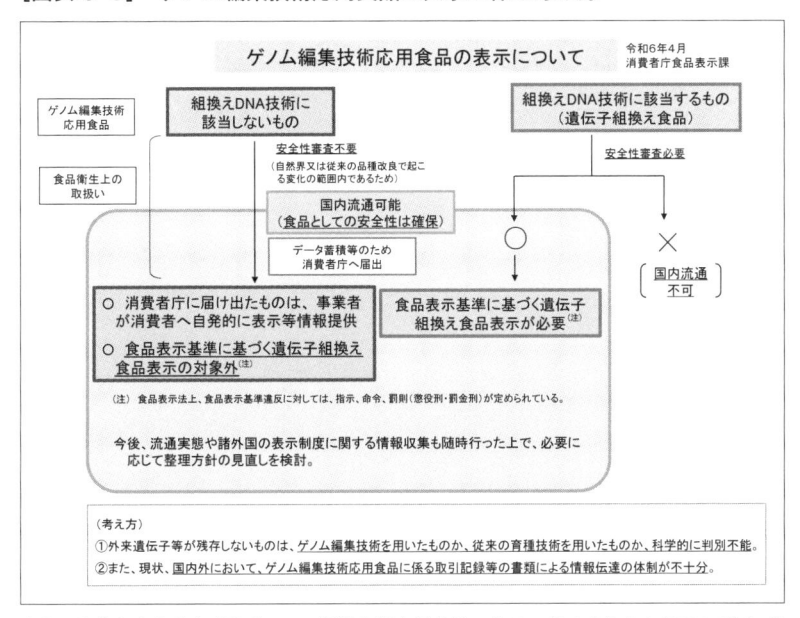

出典：消費者庁食品表示課「ゲノム編集技術応用食品の表示に係る考え方」（2024（令和6）年4月）（https://www.caa.go.jp/policies/policy/food_labeling/quality/genome/assets/food_labeling_cms201_240401_03.pdf）。

を利用して得られた食品かどうか、ある加工食品がゲノム編集技術を利用して得られた食品を使用しているかどうかを確認することができないため、書類確認を基本とする社会的検証による表示監視でその真正性を担保することは困難であり、実効的な監視体制を確保することはできないという現状の体制の限界を理由とする説明もなされている。

　もっとも、ゲノム編集技術応用食品であるか否かを知りたいと思う消費者が一定数存在することについても言及されており、適切に情報提供がなされる場合には、食品関連事業者がゲノム編集技術応用食品に関する表示を行うことは可能であるとも説明されている[18]。なお、食品関連事業者が当該食品がゲノム編集技術応用食品であることの情報提供をする場合は、食品関連事業者自らが、食品供給行程の各段階における流通管理に係る取引記録その他の合理的な根拠資料に基づき、適正な情報提

供を通じて消費者の信頼を確保することが必要となるとされている。そして、消費者の自主的かつ合理的な選択の観点からは、厚生労働省に届け出されて同省のウェブサイトで公表されたゲノム編集技術応用食品またはそれを原材料とする食品であることが明らかな場合には、食品関連事業者は積極的に情報提供するよう努めるべきであるとされる。

　また、この取扱いについては新たな知見等が得られた場合には変更され、表示が義務付けられる可能性があることも示唆されていることに留意が必要である。

4　まとめ
［ゲノム編集技術の取扱いと海外の動向］

　ゲノム編集技術へのカルタヘナ法、食品衛生法、食品表示法の適用については、以下のようにまとめることができる。

　まず、カルタヘナ法については、最終的に得られた生物に細胞外で加工した核酸が含まれない場合（タイプ1）には、適用対象外となる。一方、食品衛生法・食品表示法は、ゲノム編集技術応用食品のなかで、外来遺伝子およびその一部が残存しないという条件に加えて、人工制限酵素の切断箇所の修復に伴い塩基の欠失、置換、自然界で起こり得るような遺

18）　逆に、ゲノム編集技術応用食品でない食品またはそれを原材料とする加工食品に「ゲノム編集技術応用食品でない」と表示することについても、それが適切になされる限りにおいて、消費者の自主的かつ合理的な選択の機会の確保に資するものであると考えられるため、特に禁止されるものではない。ただし、現時点では、ゲノム編集技術を利用したかどうかの確認を科学的に検証して行うことはできないため、表示に係る適切な管理体制を有しない食品関連事業者が「ゲノム編集技術応用食品でない」旨の表示を安易に行うことは望ましくないことから、「ゲノム編集技術応用食品でない」旨を表示する場合にあっては、食品関連事業者自らが、食品供給行程の各段階における流通管理に係る取引記録その他の合理的な根拠資料に基づき、適正な情報提供を通じて消費者の信頼を確保することが必要となるとされている（Q&A4番）。

伝子の欠失、さらに結果として1塩基〜数塩基の変異が挿入される結果となるもの（タイプ1とタイプ2の一部）という条件を満たした場合には、適用対象外となる。つまり、カルタヘナ法と、食品衛生法・食品表示法との間では、タイプ2の取扱いにおいて差異が生じ得る。

　ゲノム編集技術が規制対象とならない場合の取扱いについては、ゲノム編集技術により得られた生物については主務官庁への情報提供制度、ゲノム編集技術応用食品については厚生労働省への届出制度が設けられている。また、現状では食品表示が義務付けられるものではないが、届出の対象となるゲノム編集技術応用食品については積極的に消費者に情報提供することが期待されている。

[図表3-9]　ゲノム編集技術へのカルタヘナ法、食品衛生法、食品表示法の適用

	カルタヘナ法	食品衛生法	食品表示法
義務	生物多様性影響評価等の審査、拡散防止措置	安全審査	表示義務
規制対象	遺伝子組換え生物等	組換えDNA技術	同左
ゲノム編集技術が規制対象となる場合	最終的に得られた生物に細胞外で加工した核酸が含まれる場合→タイプ2、3	ゲノム編集技術応用食品のなかで、外来遺伝子およびその一部が除去されていないもの→タイプ3	同左
ゲノム編集技術が規制対象とならない場合	最終的に得られた生物に細胞外で加工した核酸が含まれない場合→タイプ1	ゲノム編集技術応用食品のなかで、外来遺伝子およびその一部が残存しないことに加えて、人工制限酵素の切断箇所の修復に伴い塩基の欠失、置換、自然界で起こり得るような遺伝子の欠失、さらに結果として1塩基〜数塩基の変異が挿入さ	同左

		れる結果となるもの→タイプ1とタイプ2の一部	
ゲノム編集技術が規制の対象とならない場合の取扱い	情報提供制度	届出制度	なしただし、ゲノム編集技術応用食品であることを積極的に情報提供するよう努めるべき

　このようにゲノム編集技術に対して法規制を及ぼすか否かという議論は、海外でも同様に起きている。

　例えば、米国では、ゲノム編集や遺伝子組換えなどのバイオテクノロジー由来の植物・動物・食品を、USDA（米国農務省）、EPA（米国環境保護庁）、FDA（米国食品医薬品局）がそれぞれ監督している[19]。このうち USDA が 2020 年 5 月 14 日に改定を発表した SECURE（Sustainable, Ecological, Consistent, Uniform, Responsible, Efficient）ルールでは、外部から修復テンプレートが導入されておらず、標的とする DNA の切断により細胞修復の過程で生じた変化や、標的とした DNA 配列の 1 塩基対の置換などに由来する植物は規制対象外とされている。

　一方、欧州司法裁判所は 2018 年 7 月 25 日にゲノム編集技術による生物も、規制を受ける Genetically modified organisms（GMO：遺伝子組換え生物）に該当するとの裁定を下した[20]。しかしその後、欧州議会は 2024 年 2 月に、より持続可能で強靱な食糧システムのため、生物の

19)　以下、最新育種ネットワーク（代表機関：農研機構）が作成・運営するバイオステーション「アメリカにおけるゲノム編集生物の取扱いルール」（2022 年 7 月 8 日）（https://bio-sta.jp/wp/wp-content/uploads/2022/07/USA20220708.pdf）参照。
20)　この裁定を分析するものとして、中西優美子「遺伝子組み換え生体（GMO）とゲノム編集に関する EU 司法裁判所の解釈（Ⅵ(6)）（EU 法における先決裁定手続に関する研究（29））」自治研究 94 巻 11 号（2018 年）116 頁がある。

遺伝物質を改変する新ゲノム技術（NGT）のうち、従来のものと同等とみなされる NGT 植物（NGT 1 植物）は GMO 規制の対象から除外すること等を内容とする提案を採択したとのことである[21]。

　このようにみると、日本は 2019 年に米国や欧州に先駆けて、規制の対象とならないゲノム編集技術の範囲を明確にしており、米国や欧州もそれに近づく方向で規制が検討されているといえる[22]。

21）　European Parliament, New Genomic Techniques: MEPs back rules to support green transition of farmers（https://www.europarl.europa.eu/news/en/press-room/20240202IPR17320/new-genomic-techniques-meps-back-rules-to-support-green-transition-of-farmers）。

22）　松永・前掲注 11）117 頁は、我が国が米国や EU に先んじて規制の枠組みを決めたことについて、「EU やアメリカに先駆けて国の関与、責任を明確にしたことは褒められてよい」と高く評価する。

第2章

新品種・遺伝資源の保護

Point

　農水産物のゲノムに関する遺伝子関連特許については、ヒトゲノムに関する遺伝子関連特許（**第2編第6章**参照）の考え方と基本的に同様である。ただし、ヒトゲノムに関して医療行為は産業上の利用可能性を満たさないため特許適格性が否定されるところ（**同章1**(2)参照）、農水産物の場合にはこのような問題は生じない。一方、ゲノム改変を施した新たな農水産物の開発については、特許取得可能性はあるものの、既知の遺伝子の機能を改変または編集するだけでは、新歩性を欠くものとして特許として登録される可能性は低いとの指摘がある[1]。

　そのため、知的財産保護の観点からは、植物については種苗法に基づく新品種の保護制度、家畜については和牛遺伝資源関連2法に基づく遺伝資源の保護制度が重要となる[2]。

　植物新品種は我が国農業の発展を支える重要な要素である[3]。例えば、我が国ではこれまで、超多収米「とよめき」、病害に強い梨「ゴールド二十世紀」、むきやすい栗「ぽろたん」、寒さに強く美味しい米「きらら397」といった画期的な品種開発が行われてきた。こうした優良な品種を保護し新品種の開発を促進する「品種登録制度」を定めるのが種苗法である。「品種登録制度」では、植物の新品種を農林水産省に登録するこ

---

1)　遺伝子改変家畜に関して、越智豊ほか「『動植物品種を含む遺伝資源の保護の在り方についての調査及び研究』について」パテント73巻6号（2020年）43頁参照。

2)　種苗法や和牛遺伝資源関連2法も含めて遺伝資源の知的財産保護の動向を分析するものとして、児玉恵理「遺伝資源の知的財産保護の動向」パテント74巻5号（2021年）68頁がある。

3)　以下、農林水産省「改正種苗法について――法改正の概要と留意点」（2022（令和4）年3月）参照。

とで、育成した者に「育成者権」が付与され、知的財産として保護される。育成者権者は、登録を受けた品種を業として「利用」する権利を専有し、育成者権や利用権を侵害する者または侵害するおそれがある者に対し、その侵害の停止または予防等を請求することができる。2020（令和2）年の種苗法改正では、品種登録出願時における輸出先国の指定（海外持出制限）などの改正が行われた。この改正は、我が国で育成され高値で取引されるぶどう品種であるシャインマスカットの苗木が中国や韓国に流出して栽培・販売され、さらに第三国（東南アジア等）に輸出されるなどして市場を喪失していたといった問題を踏まえてなされたものである。

　一方、家畜については、種苗法のように新品種を直接保護する制度はないが、和牛をはじめとする我が国の畜産物はやはり世界的に評価が高まっている点で保護の必要性は植物同様に高い状態にあった。そこへ2018年6月、和牛の精液と受精卵の中国への不正な輸出を図る事案が発生し、家畜人工授精用精液等について、知的財産としての価値の保護や流通の適正化が強く求められるに至った。そこで2020年、和牛遺伝資源関連2法として、①家畜改良増殖法が改正されて精液・受精卵の流通規制が強化されるとともに、②民事上第三者の不正利用にも対抗できる仕組みを新たに設ける家畜遺伝資源に係る不正競争防止法が制定された。

1　種苗法

(1)　種苗法とは

　種苗法（平成10年法律第83号）は、品種の育成の振興と種苗の流通の適正化を図るために、新品種の保護のための品種登録に関する制度、指定種苗の表示に関する規制等について定める法律である（種苗法1条）。

　植物新品種の保護に関する国際的な共通ルールを定める「植物の新品

種の保護に関する国際条約」（UPOV 条約）[4] は、植物新品種の保護の条件や内容等を定めており、種苗法はこの UPOV 条約に基づく我が国の国内法としての位置付けを有する。

特許法との比較でいえば、特許法は「発明」という創作物を保護し、種苗法は「品種」という創作物を保護する点では共通する側面もあるが、特許法の保護対象である「発明」は「技術的思想の創作」（特許法 2 条 1 項）という抽象的概念であるのに対し、種苗法の保護対象である「品種」は現実に育成された「植物体」（種苗法 2 条 2 項）という具体物である（現物主義）という違いがある[5]。

種苗法は、我が国の優良品種が海外に流出して我が国の農林水産業の発展に支障が生じる事態となったことなどを踏まえ、2020（令和 2）年に改正され、育成者権者の意思に反して海外流出防止等ができるようにするための措置（育成者権が及ばない範囲の特例の創設、自家増殖の見直し、質の高い品種登録審査を実施するための措置）、育成者権を活用しやすくするための措置（侵害立証を行いやすくするための推定制度、特性表の補正請求制度、育成者権の範囲の判定制度の新設）などが講じられた。

(2) 品種登録制度の概要

「品種登録制度」（種苗法第 2 章）とは、一定の要件を満たす植物の新品種を農林水産省に登録することで、育成した者に「育成者権」を付与し、知的財産として保護する制度である[6]。「品種」とは、重要な形質

---

4)　加盟国は、日本、EU（27 か国）、アフリカ知的財産機関（OAPI 17 か国）を含む 79 か国・地域である（2024 年 5 月現在）。

5)　井内龍二ほか「特許法と種苗法の比較」パテント 61 巻 9 号（2008 年）49 頁。種苗法と特許法の関係を分析するものとして、神崎正浩「種苗法と、特許法・商標法との関係」日本大学知財ジャーナル 8 巻（2015 年）53 頁もある。

6)　種苗法に定められた品種登録制度に関する情報は、農林水産省「品種登録制度について」（https://www.maff.go.jp/j/shokusan/hinshu/act/seido.html）で公表されている。以下では、同サイトに掲載された「品種登録制度と育成者権」（https://www.maff.go.jp/j/shokusan/hinshu/act/etc/seido_pamph_R4.pdf）なども参考に、品種登録制度を概説する。

に係る特性の全部または一部によって他の植物体の集合と区別すること
ができ、かつ、その特性の全部を保持しつつ繁殖させることができる一
の植物体の集合をいう（種苗法2条2項）。

　品種登録されると、品種の名称、品種の審査特性、登録者の氏名およ
び住所、育成者権の存続期間等が品種登録簿に記載され、同時に官報で
公示される（種苗法18条2項・3項）。品種登録の情報は、農林水産省の
「品種登録ホームページ」でも提供される。

　品種登録により、「育成者権」が発生する（種苗法19条1項）。育成者
権の存続期間は、品種登録の日から原則として25年である（同条2項）。
ただし、果樹、林木、観賞樹等の木本の植物については、30年となる
（同項かっこ書、4条2項、種苗法施行規則2条）。

　育成者権者は、品種登録を受けている品種（登録品種）およびその登
録品種と特性により明確に区別されない品種を業として「利用」する権
利を専有する（種苗法20条1項本文）。「利用」とは、①その品種の種苗
を生産し、調整し、譲渡の申出をし、譲渡し、輸出し、輸入し、または
これらの行為をする目的をもって保管する行為、②その品種の種苗を用
いることにより得られる収穫物を生産し、譲渡もしくは貸渡しの申出を
し、譲渡し、貸し渡し、輸出し、輸入し、またはこれらの行為をする目
的をもって保管する行為、③その品種の加工品を生産し、譲渡もしくは
貸渡しの申出をし、譲渡し、貸し渡し、輸出し、輸入し、またはこれら
の行為をする目的をもって保管する行為をいう（同法2条5項）。育成者
権者は、その育成者権について「専用利用権」を設定したり（同法25
条1項）、他人に「通常利用権」を許諾することができる（同法26条1項）。

(3)　品種登録手続

　品種登録は、その出願から登録まで以下のような流れを経る（[図表
3-10]も参照）。

　㈠　出願
登録要件（(4)参照）を備えた「品種の育成」をした者またはその承継

人（育成者）は、品種登録を受けることができる（種苗法3条1項柱書）。「品種の育成」とは、人為的変異または自然的変異に係る特性を固定しまたは検定することをいう（同項柱書かっこ書）。

　品種登録を受けようとする者は、一定の事項を記載した願書を農林水産大臣に提出しなければならない（種苗法5条1項）。なお、出願料については1件につき「47,200円を超えない範囲」とされていたが、令和2年改正により「14,000円を超えない範囲」に改められた（種苗法6条1項。ただし、(エ)で述べるとおり、審査の実費相当額が別途出願者から徴収されることになっている）。

(イ)　出願公表

　農林水産大臣は、品種登録出願を受理したときは、遅滞なく、一定の事項を公示して、その品種登録出願について出願公表をする（種苗法13条1項）。

(ウ)　仮保護

　出願から品種登録までには、通常2年〜3年の審査期間を要するが、出願公表から品種登録までの間についても、出願者には仮保護が与えられる。すなわち、出願者は、仮保護期間中に出願品種を業として利用した者に対して、品種登録後、利用料相当額の補償金の請求ができる（種苗法14条1項）。

(エ)　審査

　農林水産大臣は、出願者に対し、出願品種の審査のために必要な出願品種の植物体の全部または一部その他の資料の提出を命ずることができる（種苗法15条1項）。

　農林水産大臣は、出願品種の審査をするに当たっては、原則として、以下のような「現地調査」(Ⓐ) または「栽培試験」(Ⓑ) を行う（種苗法15条2項）。なお、令和2年種苗法改正により審査の実費相当額が出願者から徴収されることとなり、現地調査または栽培試験には手数料が

［図表 3-10］ 品種登録の流れ

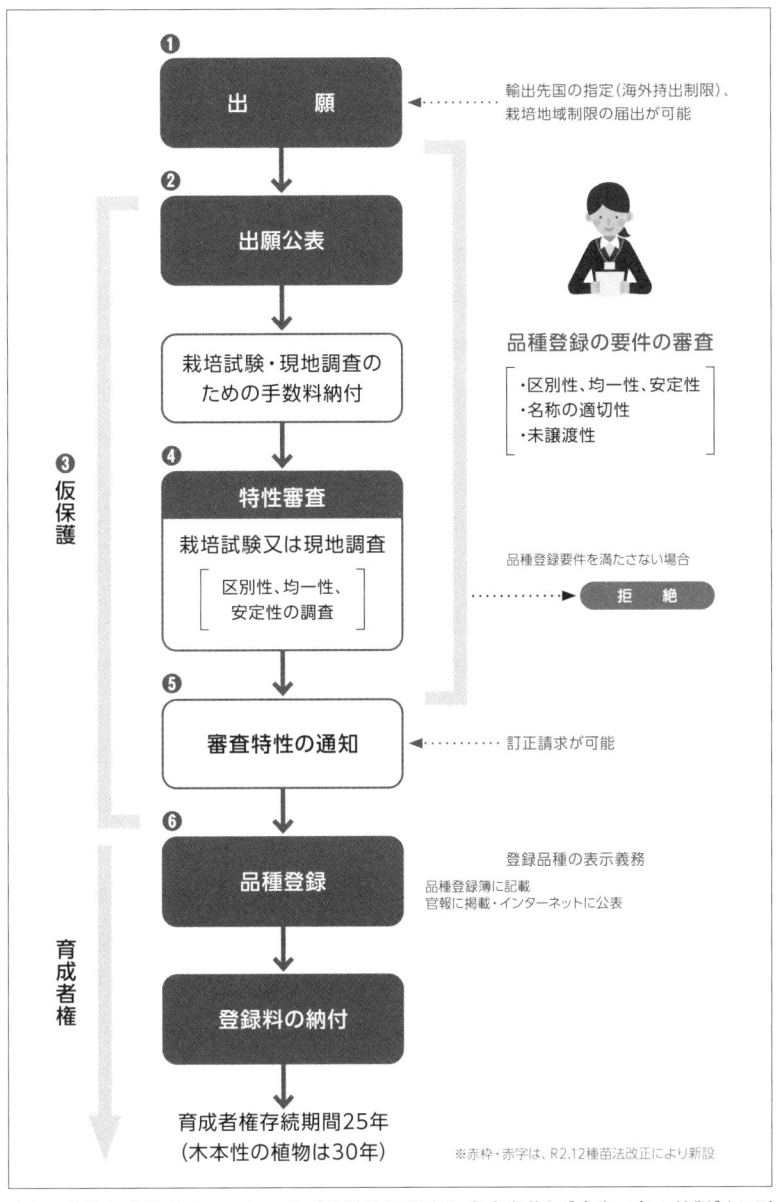

- ❶ 出　願　←……… 輸出先国の指定（海外持出制限）、栽培地域制限の届出が可能
- ❷ 出願公表
- 栽培試験・現地調査のための手数料納付
- 品種登録の要件の審査
  - ・区別性、均一性、安定性
  - ・名称の適切性
  - ・未譲渡性
- ❹ 特性審査
  - 栽培試験又は現地調査
  - 区別性、均一性、安定性の調査
- 品種登録要件を満たさない場合 ……▶ 拒　絶
- ❸ 仮保護
- ❺ 審査特性の通知　←……… 訂正請求が可能
- ❻ 品種登録
  - 登録品種の表示義務
  - 品種登録簿に記載
  - 官報に掲載・インターネットに公表
- 登録料の納付
- 育成者権
- 育成者権存続期間25年（木本性の植物は30年）
- ※赤枠・赤字は、R2.12種苗法改正により新設

出典：農林水産省「パンフレット（品種登録制度と育成者権）［令和4年4月版］」5頁（https://www.maff.go.jp/j/shokusan/hinshu/act/etc/seido_pamph_R4.pdf）。

発生する（同法 15 条の 3 第 1 項）。

 (A) 現地調査

 農林水産省職員または種苗管理センター職員が、出願者のほ場等において栽培された出願品種と対照品種等（出願品種と最も類似する品種）を比較しながら品種の特性を調査する。

 (B) 栽培試験

 国立研究開発法人農業・食品産業技術総合研究機構種苗管理センター（種苗管理センター）において、出願品種と対照品種等（出願品種と最も類似する品種）を栽培し、比較しながら品種の特性を調査する。

(オ) 審査特性の通知

 農林水産大臣は、品種登録をするときは、あらかじめ、その出願品種について審査により特定した特性（審査特性）を出願者に通知しなければならない（種苗法 17 条の 2 第 1 項）。

 通知を受けた出願者は、その出願品種の審査特性が事実と異なると思料するときは、農林水産大臣に対し、その審査特性の訂正を求めることができる（種苗法 17 条の 2 第 2 項）。これは令和 2 年種苗法改正により設けられた制度である。

(カ) 登録

 審査の結果、登録要件を満たすと判断された出願は品種登録されることとなる（種苗法 18 条 1 項）。

 育成者権者は、育成者権の存続期間の満了までの各年について、1 件ごとに、1 年目から 9 年目まで 4,500 円、10 年目から 30 年目まで 3 万円の登録料を納付しなければならない（種苗法 45 条 1 項、種苗法施行規則 19 条 1 項）。

(4) 品種登録の要件と審査

(ア) 品種登録の要件

品種登録の要件は、以下のとおりである（種苗法 3 条 1 項）。

> ① 区別性
>   品種登録出願前に日本国内または外国において公然知られた他の品種と特性の全部または一部によって明確に区別されること
> ② 均一性
>   同一の繁殖の段階に属する植物体の全てが特性の全部において十分に類似していること
> ③ 安定性
>   繰り返し繁殖させた後においても特性の全部が変化しないこと

　上記①の区別性に関して、農林水産大臣は、この要件に該当するかどうかの判断をするに当たっては、品種登録出願に係る品種（出願品種）と公然知られた他の品種との特性の相違の内容および程度、これらの品種が属する農林水産植物の種類および性質等を総合的に考慮するとされている（種苗法3条2項）。

　また、品種登録出願または外国に対する品種登録出願に相当する出願に係る品種につき、品種の育成に関する保護が認められた場合には、その品種は、出願時において公然知られた品種に該当するに至ったものとみなされると規定されている（種苗法3条3項）。

(イ)　名称の適切性

　品種登録は、出願品種の名称が以下のいずれかに該当する場合には、受けることができない（種苗法4条1項）。

> ① 一の出願品種につき一でないとき
> ② 出願品種の種苗に係る登録商標またはその種と類似の商品に係る登録商標と同一または類似のものであるとき
> ③ 出願品種の種苗またはその種苗と類似の商品に関する役務に係る登録商標と同一または類似のものであるとき
> ④ ②、③を除く出願品種に関し誤認を生じ、またはその識別に関し混同を生ずるおそれがあるものであるとき

品種登録は、出願品種の種苗または収穫物が、日本国内において品種登録出願の日から1年さかのぼった日前に、外国において品種登録出願の日から4年（果樹、林木、観賞樹等の木本の植物にあっては、6年）さかのぼった日前に、それぞれ業として譲渡されていた場合には、受けることができない（種苗法4条2項、種苗法施行規則2条）。ただし、その譲渡が、試験もしくは研究のためのものである場合または育成者の意に反してされたものである場合は、この限りでないとされる（種苗法4条2項ただし書）。

⑸　登録品種への表示義務

登録品種の種苗を業として譲渡する者は、その譲渡する登録品種の種苗またはその種苗の包装に、以下のいずれかのその種苗が品種登録されている旨の表示を付さなければならない（種苗法55条1項、種苗施行規則21条の2）。

---

① 「登録品種」の文字
② 「品種登録」の文字およびその品種登録の番号
③ 別記様式第10号の3から様式第10号の6までに定める標章のいずれか（PVPマーク）

登録品種の種苗の譲渡のための展示または広告を業として行う者についても、同様の表示義務が課されている（種苗法55条2項）。

育成者権者が海外持出禁止や国内栽培地域の制限といった利用条件を付した場合、上記の表示とともに、その条件を表示する必要がある（種苗法21条の2第5項、6項、種苗法施行規則16条の2）。登録品種の海外流出防止や産地づくりの推進を目的として、令和2年種苗法改正で設けられた規律である。

⑹　権利侵害への対応

育成者権者または専用利用権者は、自己の育成者権または専用利用権

[図表 3-11] 判定制度

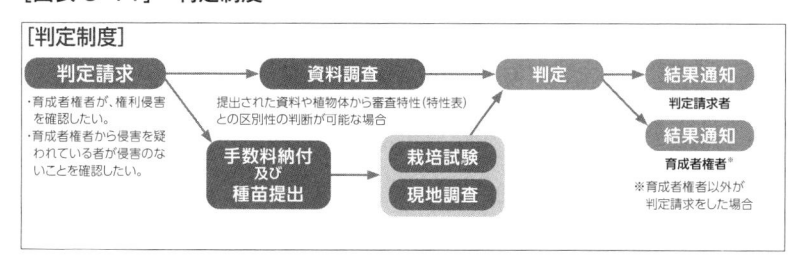

出典：農林水産省「パンフレット（品種登録制度と育成者権）［令和4年4月版］」10頁。

を侵害する者または侵害するおそれがある者に対し、その侵害の停止または予防を請求することができる（種苗法33条1項）。また、その請求をするに際し、侵害の行為を組成した種苗、収穫物もしくは加工品または侵害の行為に供した物の廃棄その他の侵害の予防に必要な行為を侵害者に請求することができる（同条2項）。

損害賠償請求をする場合には、損害額の推定規定（種苗法34条）や過失の推定規定（同法35条）が設けられている。

品種登録簿に記載された登録品種の審査特性により明確に区別されない品種は、その登録品種と特性により明確に区別されない品種と推定される（種苗法35条の2）。これは侵害立証を行いやすくするために令和2年種苗法改正で新設された規定である。育成者権の使い勝手がよくなることが期待されている。

登録品種について利害関係を有する者は、ある品種が品種登録簿に記載されたその登録品種の審査特性によりその登録品種と明確に区別されない品種であるかどうかについて、農林水産大臣の判定を求めることができる（種苗法35条の3第1項）。農林水産大臣は、この求めがあったときは、必要な調査を行ったうえで判定を行い、その求めをした者およびその登録品種の育成者権者に対し、その結果を通知する（同条2項）。この制度も令和2年種苗法改正で設けられたもので、「判定制度」と呼ばれるものである。判定の結果に法的拘束力はないが、判定は裁判での有力な証拠となり得るほか、当事者間の示談交渉等での迅速な紛争解決

に役立つことが期待される。

2　和牛遺伝資源関連2法

　和牛遺伝資源関連2法とは、2018年6月に和牛の精液と受精卵の中国への不正な輸出を図る事案が起きたことなどを踏まえ、家畜人工授精用精液等の流通の適正化や知的財産としての価値の保護を目的として、①家畜改良増殖法が改正されて（以下「令和2年改正」という）精液・受精卵の流通規制が強化されるとともに、②民事上第三者の不正利用にも対抗できる新たな仕組みを設ける、家畜遺伝資源に係る不正競争の防止に関する法律（「家畜遺伝資源に係る不正競争防止法」）が新たに制定されたものである[7]。

[図表3-12]　和牛遺伝資源関連2法の概要

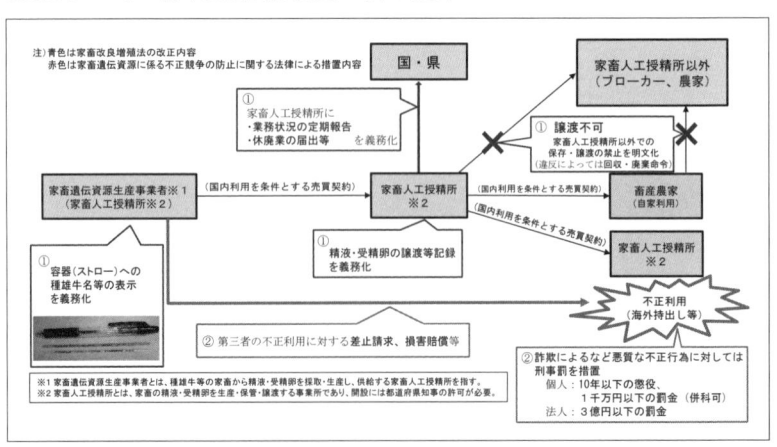

出典：農林水産省「和牛遺伝資源関連2法のポイント」（https://www.maff.go.jp/j/chikusan/kikaku/attach/pdf/kachiku_iden-3.pdf）2頁。

[図表 3-13] 家畜改良増殖法の概要

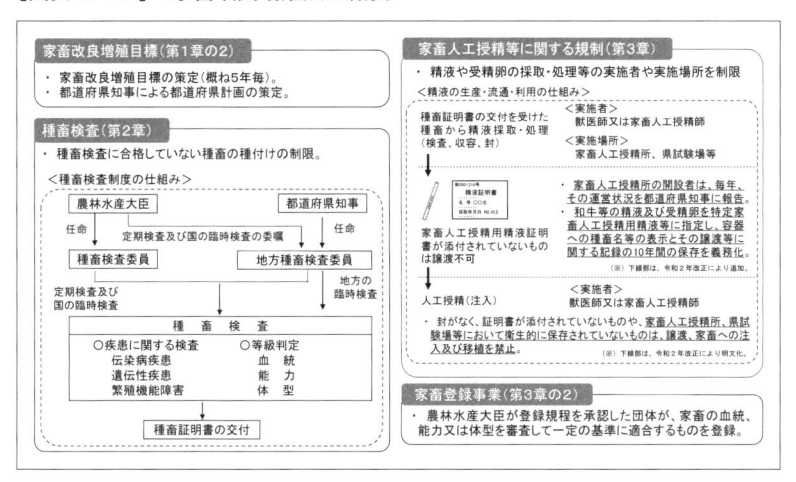

出典：農林水産省畜産局畜産振興課「和牛改良・遺伝資源をめぐる情勢」（2024（令和6）年4月）（https://www.maff.go.jp/j/chikusan/kikaku/attach/pdf/kachiku_iden-62.pdf）8 頁。

(1) 家畜改良増殖法

　家畜改良増殖法（昭和25年法律第209号）は、家畜の改良増殖を促進して畜産の振興を図り、農業経営の改善に資することを目的として、家畜の改良増殖を計画的に行うための措置ならびにこれに関連して必要な種畜の確保および家畜の登録に関する制度、家畜人工授精および家畜受精卵移植に関する規制等について定める法律である（家畜改良増殖法1条）。その内容は大きく、家畜改良増殖目標（同法第1章の2）、種畜検査（同法第2章）、家畜人工授精等に関する規制（同法第3章）、家畜登

---

7)　和牛遺伝資源関連2法を開設するものとして、天野英二郎「和牛遺伝資源二法──和牛精液等の流通管理の徹底と知的財産的価値の保護に向けて」立法と調査427号（2020年）152頁、林いづみ「新法の要点──家畜遺伝資源の不正流通防止制度の創設」ジュリ1549号（2020年）78頁、三上卓矢「家畜遺伝資源に係る不正競争の防止に関する法律および家畜改良増殖法の一部を改正する法律の概要」Law & technology 90号（2021年）47頁がある。

録事業（同法第3章の2）の四つの分野で構成される。

　家畜遺伝資源に関わる家畜人工授精等に関する規制（家畜改良増殖法第3章）は、家畜人工授精および家畜受精卵移植の制限等（同章第1節）、家畜人工授精師の免許制（同章第2節）、家畜人工授精所の許可制（同章第3節）などから構成される。

　令和2年改正家畜改良増殖法では、特に適正な流通の確保が必要な「特定家畜人工授精用精液等」の特例が同法第3章第4節に定められた。農林水産大臣は、高い経済的価値を有することその他の事由により特にその適正な流通を確保する必要がある家畜人工授精用精液または家畜受精卵を、「特定家畜人工授精用精液等」として指定することができる（家畜改良増殖法32条の2第1項）。これを家畜改良増殖法第32条の2第1項に基づき特定家畜人工授精用精液等を指定する告示（令和2年9月28日農林水産省告示第1829号）では、以下の品種に該当する牛の家畜人工授精用精液および家畜受精卵と指定している。

> ① 黒毛和種
> ② 褐色和種
> ③ 日本短角種
> ④ 無角和種
> ⑤ ①〜④の品種間の交雑の品種
> ⑥ ①〜⑤の品種と⑤の品種との交雑の品種

　こうした「特定家畜人工授精用精液等」については、容器への表示や譲渡等記録簿への記載が義務付けられている。すなわち、獣医師または家畜人工授精師は、特定家畜人工授精用精液等を容器に収めたときは、その容器に、その特定家畜人工授精用精液等に係る種畜の名称等の表示をしなければならない（家畜改良増殖法32条の4）。また、家畜人工授精所の開設者は、特定家畜人工授精用精液等の譲受け、譲渡し、廃棄または亡失をしたときは、遅滞なく、譲受け、譲渡し、廃棄または亡失に関する事項を譲渡等記録簿に記載し、10年間保存しなければならないと定められている（同法32条の5）。

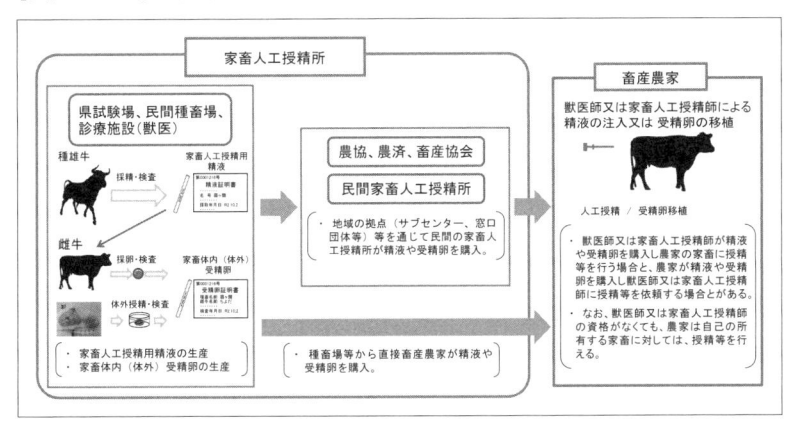

[図表 3-14] 家畜人工授精用精液等の生産・流通・利用

出典：農林水産省 畜産局畜産振興課「和牛改良・遺伝資源をめぐる情勢」(2024 (令和6) 年4月) 19頁。

(2)　家畜遺伝資源に係る不正競争防止法

　家畜遺伝資源に係る不正競争の防止に関する法律（家畜遺伝資源に係る不正競争防止法）は、家畜遺伝資源の生産事業者間の公正な競争を確保するため（同法1条）、家畜遺伝資源の不正な取得などの不正競争に対して損害賠償や差止請求等民事上の救済措置や刑事罰を定めるものである。関連して、農林水産省「家畜遺伝資源に関するガイドライン」(2021 (令和3) 年3月) では、家畜遺伝資源の定義や不正競争に該当する要件等についての考え方が示されている。

(ア)　家畜遺伝資源

　家畜遺伝資源に係る不正競争防止法により保護される「家畜遺伝資源」とは、①家畜遺伝資源生産事業者が業として譲渡し、または引き渡す「特定家畜人工授精用精液等」であって、②その家畜遺伝資源生産事業者が契約その他一定の行為によりその使用する者の範囲またはその使用の目的に関する制限を明示したものと定義される（家畜遺伝資源に係る不正競争防止法2条1項）。

①の「特定家畜人工授精用精液等」とは、家畜改良増殖法32条の2第1項に規定する「特定家畜人工授精用精液等」（(1)参照）をいう。つまり、特に適正な流通の確保が必要な「特定家畜人工授精用精液等」については、家畜改良増殖法の令和2年改正により、容器への表示や譲渡等記録簿への記載が義務付けられるとともに、同時に制定された家畜遺伝資源に係る不正競争防止法により、不正な取得などの不正競争に対する損害賠償や差止請求等の民事上の保護が与えられている。

　②のその使用する者の範囲またはその使用の目的に関する制限を明示する行為としては、契約のほかは[8]、以下の行為と定められる（家畜遺伝資源に係る不正競争の防止に関する法律施行規則（令和2年農林水産省令第65号））。いい換えれば、家畜遺伝資源に係る不正競争防止法の保護を受けるためには、特定家畜人工授精用精液等について、契約や以下の行為によりその使用する者の範囲またはその使用の目的に関する制限を明示する必要がある。

---

①　業として行う特定家畜人工授精用精液等の譲渡または引渡しに係る契約の内容とすることを目的として準備した条項（民法548条の2第1項に規定する定型約款の個別の条項を含む）であって、その特定家畜人工授精用精液等を使用する者の範囲またはその使用の目的を制限するものをインターネットの利用その他の適切な方法により公表する行為
②　家畜改良増殖法13条4項により添付された家畜人工授精用精液証明書、家畜体内受精卵証明書または家畜体外受精卵証明書に表示する行為
③　特定家畜人工授精用精液等を収めた容器に、その使用する者の範囲またはその使用の目的に関する制限があることを表示するものとして需要者の間に広く認識されている文字、図形もしくは記号またはこれらの結合を表示する行為[9]

---

[8]　農林水産省からは、国外利用および目的外利用の禁止を含む「家畜人工授精用精液等譲渡契約約款条項例」（契約のひな形）が公表されている（2019（令和元）年9月30日元生畜第814号）。

㈠ 不正競争行為

家畜遺伝資源に係る不正競争防止法における「不正競争行為」とは、概要以下のとおり定められる（家畜遺伝資源に係る不正競争防止法2条3項）。

---

① 詐欺等による家畜遺伝資源の取得または管理の委託を受けた家畜遺伝資源の領得（1号）
② ①により取得・領得した家畜遺伝資源の使用、譲渡等（2号）
③ ①につき取得時に悪意・重過失の転得者による使用、譲渡等（3号）
④ 図利加害目的で行う契約上の制限を超えた使用、譲渡等（4号）
⑤ ④の譲渡・引渡しにつき取得時に悪意・重過失の転得者による使用、譲渡等（5号）
⑥ ②から⑤までの使用行為により生じた派生物（家畜、精液または受精卵）の使用、譲渡等（6号・7号・10号・11号）
⑦ ⑥の使用行為により生じた二次的な派生物（家畜、精液または受精卵）の譲渡等（8号・9号・12号・13号）

㈢ 民事上の救済措置

㈠で述べた不正競争行為については、差止請求権（家畜遺伝資源に係る不正競争防止法3条）、損害賠償請求権（同法4条）、信用回復措置（同法15条）といった民事上の救済措置が定められている。

また、民事訴訟手続の特例として、損害賠償請求訴訟に関する損害額の推定（家畜遺伝資源に係る不正競争防止法5条）や裁判所による書類提出命令（同法8条）なども定められている。

㈣ 刑事罰

特に悪質性の高い不正行為として、不正の利益を得る目的で、またはその家畜遺伝資源生産事業者に損害を加える目的の以下の行為について

---

9) 国外への持出しの制限を表示する略称は、「（R）」（英語 Restricted の頭文字）と定められる（農林水産省「家畜改良増殖法の一部を改正する法律及び家畜遺伝資源に係る不正競争の防止に関する法律の施行について」（2020（令和2）年9月30日2生畜1104号））。

[図表 3-15]　家畜遺伝資源に係る不正競争防止法における不正競争行為

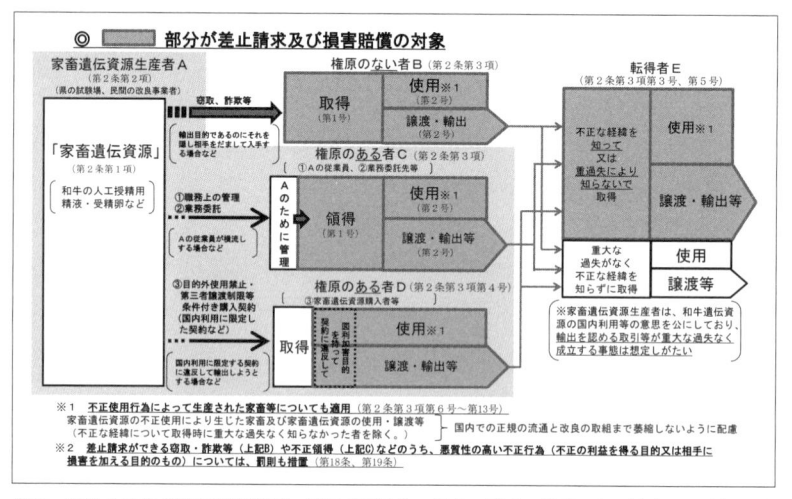

出典：農林水産省「家畜遺伝資源に係る不正競争の防止に関する法律の概要」(2020（令和2）年9月）(https://www.maff.go.jp/j/chikusan/kikaku/attach/pdf/kachiku_iden-26.pdf)3頁。

[図表 3-16]　家畜遺伝資源の使用により生産された子牛等（派生物）の取扱い

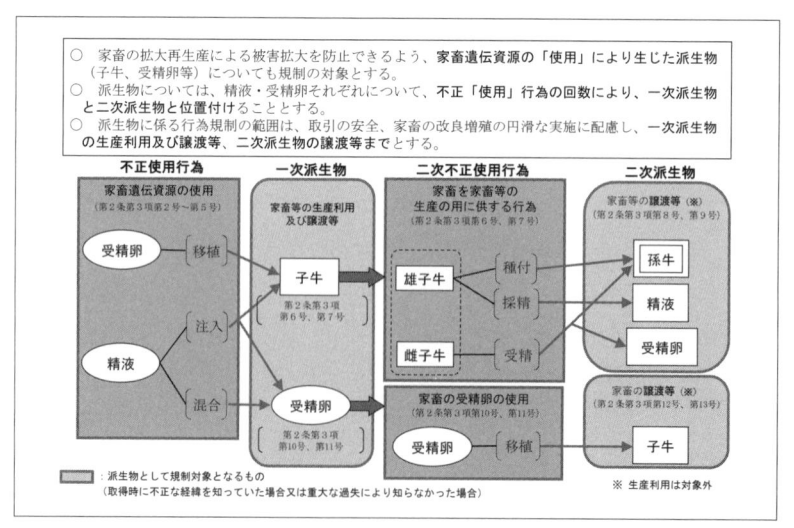

出典：農林水産省「家畜遺伝資源に係る不正競争の防止に関する法律の概要」(2020（令和2）年9月）4頁。

は、刑事罰（10年以下の拘禁刑もしくは1,000万円以下の罰金、またはこれを併科）が定められている（家畜遺伝資源に係る不正競争防止法18条1項）。

①　詐欺等の違法な手段による取得、領得、使用・譲渡等（1号〜3号）
②　転得者による使用・譲渡等（4号・5号）
③　①または②の使用行為により生じた派生物（家畜、精液または受精卵）の使用・譲渡等（6号・8号）
④　③の違法使用行為により生じた二次的な派生物（家畜、精液または受精卵）の譲渡等（7号・9号）

以下の国外における行為についても、同様に刑事罰が課される。

⑤　相手方に日本国外において4号の罪に当たる使用をする目的があることの情を知って、家畜遺伝資源を譲渡し、引き渡し、または輸出する行為（10号）
⑥　日本国内において事業を行う家畜遺伝資源生産事業者の家畜遺伝資源について、日本国外において3号から5号までの罪に当たる使用をする行為（11号）

　以上のうち、家畜遺伝資源に係る不正競争防止法18条1項1号・3号（1号に係る部分に限る）もしくは4号から11号までの違反行為については、法人への両罰規定（3億円以下の罰金刑）も定められている（家畜遺伝資源不正競争防止法19条1項）。

あとがき
法律・倫理と哲学・宗教

　ゲノムに関する法的・倫理的問題は未だ議論の途上にあり、本書では
そうした議論を様々な角度から取り上げてきたが、ではこのような問題
に対する解を導くためには、何をよりどころにすればよいであろうか。

　具体的な事例で考えてみよう。

　第2編第2章6では、ヒト受精胚のゲノム改変の法的・倫理的問題
を述べたが、これを制約する根拠は何か。自由主義的な考え方に従えば、
法益を侵害しない限り、つまり他人や社会に迷惑をかけない限り、人は
自らの幸福を追求する権利がある。では遺伝性疾患を有する人が、何も
しなければ子供にもその病的変異が遺伝してしまうという場合において、
その結果を回避するために受精胚のゲノム改変を希望した場合、それを
制約する根拠となる法益は存在するであろうか。

　これに対し、そうしたゲノム改変は、オフターゲット効果などにより、
別の形で子供のゲノム異常や子孫への悪影響を引き起こすリスクがある
から、行うべきではないという考え方もあろう。すなわち将来生まれる
子供の法益を（パターナリスティックに）保護する必要があると考えるの
である。しかし、将来ゲノム編集技術の精度が上がり、リスクが科学的
に完全に排除できると言い切れるようになった暁には、この点は制約論
拠とならない。ゲノム改変が行われた場合をゲノム改変が行われなかっ
た場合と比較すると、遺伝性疾患を持たない健康な子供が誕生した方が、
親も子もハッピーであり、誰の法益も侵害しないのであるから、許容さ
れるべきということにはならないか。

　頭ではそう理解できても、一抹の違和感や不安感がなお拭えないのは
なぜだろう。そのようなゲノム改変が一般化すれば、「あるべき人間像」
が常態化することになり、そぐわない人間は「不適格者」の烙印を押さ
れることになるから、人の多様性を前提としたノーマライゼーションの
理念に反するということにあろうか。しかし、このようなノーマライ
ゼーションという社会的価値が、果たして子供の健康を切実に願う親の

権利に優先するかについては一考を要しそうである。

遺伝性疾患を回避する（マイナスをゼロに戻す）目的のゲノム改変は許容されるが、ヒトの身体や精神の機能の強化・向上といったエンハンスメント（ゼロからプラスにする）目的のゲノム改変は許されないという考え方もあるかもしれない。しかし、ゼロ（ノーマル）とは一体何かについても今一度考えてみるべきなのかもしれない。ゼロ（ノーマル）を定義すること自体が、人間の価値を固定化し、逆にそれに達しないマイナスを不当に取り扱うことにはならないか。

そもそも人の歴史は、「自然」に手を加えることにより進化してきた。ゲノム編集が「不自然」であるから許容されないというのであれば、人の体にメスを入れる医学そのものが「不自然」ということになりかねない。

このように考えると、生まれてくる子供への具体的なリスクが排除される限りにおいては、ヒト受精胚のゲノム改変は許容されるべきという見解につながることになりそうであるが、他方で、この問題は法益の対立という価値基準とは別に哲学や宗教と密接不可分である。「神がいなければ、全てが許される」（ドストエフスキー『カラマーゾフの兄弟』におけるイワンの思想）という態度は法律家には許されないのは当然の前提として、それでもなお、生物のゲノム改変が、創造主である神（大いなるもの）の領域に踏み込むのではないかという議論が生じることは避けられない。類似の問題として、女性の人工妊娠中絶の権利の有無について米国で激しい議論が繰り広げられている背景に、キリスト教的価値観が影響していることが挙げられる。

法律や倫理を考えるうえで、純粋に自由主義に基づき解決できるのか、それとも共同体が選択する一定の価値観をそこに取り込むべきかという根源的な問題がゲノム法にもまた潜んでいる。

事項索引

◆ 数字・欧字

1 塩基多型 (SNP: single
nucleotide polymorphism) ···· 38, 51
1 塩基変異 (SNV: single
nucleotide variant) ················· 28
2 次的サービス ················· 117, 129
AGI (Association of Genetic
Information. 一般社団法人遺伝
情報取扱協会) ··········· 123, 134
BBJ (バイオバンク・ジャパン) ··· 39
BRCA 1/2 ····················· 33, 80, 88
C-CAT (がんゲノム情報管理セ
ンター) ···················· 36, 89
cDNA ································· 170
chromosome (染色体) ················· 3
CRISPR/Cas 9 ························· 11
DNA (デオキシリボ核酸) ················· 3
DNA 型鑑定 ························· 135
DNA 鑑定 ···················· 8, 133
民事事件における―― ··········· 138
刑事事件における―― ··········· 135
DNA シークエンサー ··········· 84
ex vivo 遺伝子治療 ················· 92
genetic exceptionalism (遺伝子例
外主義) ···················· 18
genome (ゲノム) ················· 6
GWAS (genome-wide association
study. ゲノムワイド関連解析) ··· 38
HBOC (hereditary breast and
ovarian cancer. 遺伝性乳がん卵
巣がん症候群) ··········· 33, 80
in vivo 遺伝子治療 ················· 92
NCBN (ナショナルセンター・
バイオバンクネットワーク) ··· 40

NGS (next-generation sequencing.
次世代シーケンシング) ··········· 38
NIPT (非侵襲的出生前検査) ······ 71
personalized medicine (個別化医
療) ···················· 8, 29
PGT (着床前遺伝学的検査) ······ 77
pharmacogenomics (ゲノム薬理
学) ························· 34
precision medicine (精密医療)
························· 8, 29, 31, 39
secondary findings (二次的所見)
····························· 59
SNP (single nucleotide
polymorphism. 1 塩基多型)
····························· 38, 51
SNV (single nucleotide variant.
1 塩基変異) ··········· 28
Wrongful Birth 訴訟 ··········· 74

◆ あ行

アミノ酸 ························· 5
アレイ解析 ························· 38
医師の責任 ························· 74
医師法 ························· 118
一般社団法人遺伝情報取扱協会
(AGI) ···················· 123, 134
遺伝カウンセリング ··· 21, 61, 65, 128
遺伝学的検査 ···················· 64, 88
遺伝学的検査・診断ガイドライン
····························· 64
遺伝子関連検査 ···················· 62
遺伝子組換え生物等 ··········· 183
遺伝子組換え農産物 ··········· 199
遺伝子検査ビジネス遵守事項
····························· 122, 134

遺伝子治療 ……………………… 10, 12, 90
遺伝子治療等臨床研究 ……………… 96
遺伝子治療等臨床研究指針 … 96, 108
遺伝子治療用製品等の品質及び安
　全性の確保に関する指針 ……… 98
遺伝子導入技術 ……………………… 9, 94
遺伝情報 ………………………… 49, 120
遺伝子例外主義（genetic
　exceptionalism）………………… 18
遺伝性乳がん卵巣がん症候群
　（HBOC: hereditary breast and
　ovarian cancer）……………… 33, 80
医療・介護関係事業者における個
　人情報の適切な取扱いのための
　ガイダンス ……………………… 54
医療法 ………………………………… 83
インフォームド・コンセント
　……………………… 19, 61, 67, 125
塩基 …………………………………… 3
オフターゲット …………… 12, 100, 107
オミックス解析 …………………… 29

◆　か行

科学的根拠 ………………………… 127
学術研究目的の例外規定 …………… 53
家畜遺伝資源 ……………………… 221
家畜遺伝資源に係る不正競争防止
　法 ……………………………… 221
家畜改良増殖法 …………………… 219
カルタヘナ法 ……………… 101, 181
がん遺伝子パネル検査
　……………… 33, 34, 80, 86, 89
がんゲノム医療 …………………… 32
がんゲノム情報管理センター
　（C-CAT）……………………… 36, 89
がん細胞の遺伝子検査 …………… 80
基本原則 …………………………… 19
逆選択 ……………………………… 145

偶発的所見 ………………………… 67, 80
組換え DNA 技術 …………… 192, 199
血縁者等への情報開示 …………… 20, 59
ゲノム（genome）………………… 6
ゲノム医療 ………………………… 8, 26
　難病に関する―― ……………… 37
ゲノム医療推進法 ………………… 43
ゲノム改変
　農水産物の―― ……………… 12, 180
　ヒト受精胚等の―― …… 12, 25, 102
ゲノム情報 ………………………… 49
ゲノム編集技術
　……… 10, 94, 178, 186, 193, 202
ゲノム編集技術を用いた遺伝子治
　療用製品等の品質・安全性等の
　考慮事項に関する報告書 ……… 100
ゲノム薬理学
　（pharmacogenomics）………… 34
ゲノムワイド関連解析（GWAS:
　genome-wide association study）
　……………………………………… 38
検査等の正確性・信頼性・質・安
　全性 ……………… 22, 82, 127
国際宣言 …………………………… 19
個人遺伝情報取扱審査委員会 …… 129
個人遺伝情報保護ガイドライン
　……………………… 120, 134
個人識別符号 ……………………… 51
個人情報 …………………………… 51
個人情報保護法 …………………… 48
個別化医療（personalized
　medicine）……………………… 8, 29
コホート …………………………… 39
コンパニオン診断 …………… 33, 86, 89

◆　さ行

再生医療等安全性確保法 …………… 94
差別 ……………………………… 22, 140

雇用分野における——の問題
　……………………………………… 156

保険分野における——の問題
　……………………………………… 144

事業計画書 ………………………… 130

次世代シーケンシング（NGS:
　next-generation sequencing）…… 38

出生前遺伝学的検査 ……………… 71

種苗法 ……………………………… 209

消費者向け（DTC）遺伝子検査
　……………………………………… 8, 115

食品衛生法 ………………………… 191

食品表示法 ………………………… 199

知らないでいる権利 …… 20, 150, 154

新規胚研究指針 …………………… 109

新生児マススクリーニング検査 … 69

精密医療（precision medicine）
　……………………………… 8, 29, 31, 39

生命・医学系指針 ………………… 55

世界宣言 …………………………… 19

全ゲノム解析等実行計画 ………… 40

染色体（chromosome）…………… 3

染色体異常 ……………… 29, 75, 78

◆　た行

多因子疾患 ……………………… 28, 79

単一遺伝子疾患 …………………… 27

タンパク質 ………………………… 4

着床前遺伝学的検査 ……………… 77

提供胚研究指針 …………………… 109

デオキシリボ核酸（DNA）……… 3

デザイナーベビー ……… 12, 25, 107

東北メディカル・メガバンク計画
　……………………………………… 40

特許 ………………………………… 168

◆　な行

ナショナルセンター・バイオバン

クネットワーク（NCBN）……… 40

二次的所見（secondary
　findings）・偶発的所見 …… 59, 67, 80

◆　は行

バイオバンク …………………… 39, 61

バイオバンク・ジャパン（BBJ）… 39

発症前遺伝学的検査 ……………… 69

バリアント ……………… 28, 66, 68

非侵襲的出生前検査（NIPT）…… 71

ヒトゲノム計画 …………………… 7

ヒトゲノムを取り扱う研究 ……… 59

ヒト胚の取扱いに関する基本的考
　え方 ……………………………… 109

非発症保因者遺伝学的検査 ……… 68

品種登録制度 ……………………… 210

不正競争行為 ……………………… 223

分析的妥当性 …………… 66, 79, 127

変異 ……………………… 27, 66, 68

保険適用 …………………………… 88

◆　や行

薬機法 …………………………… 84, 97

優生思想 ………………… 12, 23, 107

要配慮個人情報 ………………… 52, 124

◆　ら行

臨検法 …………………………… 83, 97

臨床的妥当性 …………………… 66, 79

臨床的有用性 …………………… 66, 79

倫理審査 …………………………… 21

労働契約法 ………………………… 165

◆　わ行

和牛遺伝資源関連２法 …………… 218

ゲノム法

2024年10月10日　初版第1刷発行

著　者　吉　田　和　央

発行者　石　川　雅　規

発行所　株式会社 商事法務
　　　　〒103-0027 東京都中央区日本橋 3-6-2
　　　　TEL 03-6262-6756・FAX 03-6262-6804〔営業〕
　　　　TEL 03-6262-6769〔編集〕
　　　　https://www.shojihomu.co.jp/

落丁・乱丁本はお取り替えいたします。　　印刷／広研印刷㈱
© 2024　Kazuo Yoshida　　　　　　　　Printed in Japan
Shojihomu Co., Ltd.
ISBN978-4-7857-3090-1
＊定価はカバーに表示してあります。